# 非洲猪瘟无疫小区（生物安全隔离区）建设指南

Compartmentalisation Guidelines–African Swine Fever

[德] 德克·U.法伊弗　何汉邦　[加纳] 安德鲁·布雷曼 等 著

农业农村部畜牧兽医局
中国动物卫生与流行病学中心
组译

中国农业出版社
北　京

# 本 书 译 审 人 员


**主　译**　范钦磊　孙晓东　李　鹏　王　栋

**副主译**　刘　飞　刘　静　任颖超

**译　者**　范钦磊　孙晓东　李　鹏　王　栋　刘　飞
刘　静　任颖超　路　平　李佳瑞　王　红
郭建梅

**主　审**　蔡丽娟　蒋正军

# 如何阅读这份指南

这份指南分为三部分。第一部分介绍了非洲猪瘟无疫小区建设的原则和实施方案，第二部分介绍了附录和实施无疫小区建设的工具，第三部分介绍了 WOAH 成员应用无疫小区建设的相关补充信息。

需要注意的是，在指南中，各国无疫小区建设实践经验（不限于非洲猪瘟）仅作为示例，不应被视为“最佳做法”。WOAH 成员应考虑无疫小区所在国家或区域的具体非洲猪瘟流行病学特征，以及非洲猪瘟无疫小区的其他具体特点。欢迎成员联系这些案例中的国家，以进一步了解其无疫小区建设的经验。

读者可以点击电子版指南的超链接，查阅更多信息。

---

目标 1：利用最新的 WOAH 标准和基于科学的最佳做法，提高各国控制（预防、应急、根除）非洲猪瘟的能力。

目标 2：建立有效的非洲猪瘟全球控制协调与合作框架。

目标 3：保障商业运转。

---

# 全球共同实现对非洲猪瘟的控制（代序）

非洲猪瘟是一种可传染家猪和野猪的急性、高度传染性动物疫病。最近，WOAH不断收到非洲南部和撒哈拉地区、欧洲和亚太地区各国非洲猪瘟疫情报告，这表明了全球非洲猪瘟疫情升级。非洲猪瘟疫情的传播直接威胁到了世界各地大多数猪群。由于非洲猪瘟病毒毒力强、致死率高，导致生猪产量急剧下降，经济损失严重；对国民生计、动物卫生和福利以及国家粮食安全造成威胁；也对贸易和国际市场带来连锁效应。

WOAH认识到了全球非洲猪瘟风险的升级，在2019年5月举行的第87次WOAH全体大会上通过第33号决议，建议发起一项控制非洲猪瘟的全球倡议。同时，该决议还建议WOAH制定非洲猪瘟无疫小区建设具体指南。

因此，我很荣幸地向各成员介绍本书，希望有助于各成员建立并维持非洲猪瘟无疫小区，从而达到提高国内（区域内）和国际贸易安全水平、预防和控制非洲猪瘟的目的。

在加拿大食品检验局的慷慨支持下，香港城市大学Dirk Pfeiffer教授领导其团队与WOAH及其非洲猪瘟无疫小区项目小组合作编制了这些指南，其中，项目小组的专家来自世界各地，具备各种专业知识。大家借助于建立和认证非洲猪瘟无疫小区的相关工具，精心编制了本书。

WOAH在此感谢所有为这份指南作出贡献的人们，也感谢相关WOAH成员无私地提出在无疫小区建设方面的见解并分享了相关经验。

这份指南涵盖内容全面，是对WOAH关于非洲猪瘟和无疫小区建设的现行标准和建议的补充。这份指南适合并适用于各成员的不同社会文化、地理、政治和经济背景。

这份指南还有助于根据全球跨境动物疫病防控框架（GF-TADs）防控全球非洲猪瘟。我们认为，根据国际标准制定促进安全贸易的技术指南，包括无疫小区建设指南，是根据全球倡议的第三个目标（即“保障商业运转”）开展的一项重要工作。这份指南不仅有助于兽医主管部门和私营部门开展工作，也对协助成员降低非洲猪瘟传入传播的影响、保障商业运转的第三方和技术服务人员提供了帮助。

最后，WOAH 呼吁各成员和伙伴联合起来，在 WOAH 非洲猪瘟国际标准指引下，在全球范围内共同控制非洲猪瘟。

WOAH 总干事　Monique Éloit 博士

# 前　言

本指南的宗旨是帮助WOAH成员和养猪业利益相关方切实实施针对非洲猪瘟（ASF）的生物安全隔离区划（无疫小区建设）。本指南是世界动物卫生组织《陆生动物卫生法典》结构化标准框架和《生物安全隔离区划应用清单》的补充[1;2]。

本指南就生物安全隔离区划（无疫小区建设）的主要内容提出了指导意见和具体建议，包括非洲猪瘟无规定动物疫病生物安全隔离区（以下简称“非洲猪瘟无疫小区”）的定义、猪肉供应链、风险评估、生物安全、监测、诊断能力和诊断程序、追溯、公私伙伴关系（PPPs）、监管框架、非洲猪瘟无疫小区的批准和认可，以及无疫小区内外非洲猪瘟卫生状况变化的应急措施。本指南附录中还提供了无疫小区建设与认可过程中需要用到的系列工具。

本指南的主要目标受众是私营部门和兽医主管部门，参与建立和维护无疫小区的第三方和技术服务人员，比如审核人员和私人兽医也将会从中受益。同时，期望本指南也能为政府决策者、动物卫生和养猪业相关政府间组织提供帮助。

# 缩　略　语

| 缩略语 | 中文意义 |
| --- | --- |
| ASF | 非洲猪瘟 |
| ASFV | 非洲猪瘟病毒 |
| CMP | 合规性监控计划 |
| FAO | 联合国粮食及农业组织 |
| HACCP | 危害分析和关键控制点 |
| PPP | 公私伙伴关系 |
| PVS | 兽医体系效能评估 |
| SOP | 标准操作程序 |
| Terrestrial Code | 陆生动物卫生法典 |
| Terrestrial Manual | 陆生动物诊断试验与疫苗手册 |
| WAHIS | 世界动物卫生信息系统 |
| WOAH | 世界动物卫生组织 |
| WTO | 世界贸易组织 |

# 术 语 定 义

**病例**

指感染某种致病因子、出现或未出现临床症状的动物个体。

**出口国**（地区）

指向他国输出商品的国家（地区）。

**风险管理**

指确定、选择及实施降低风险水平措施的过程。

**风险评估**

指对危害的侵入、造成疫情及疫情蔓延的可能性及其生物后果和经济后果进行的评估。

**功能分离**

指根据标准操作程序对无疫小区动物亚群进行管理，以降低暴露于其他卫生状况的猪科动物的风险。应在流行病学风险评估的基础上，确定最适当的程序以确保做到合理的功能分离。

**国际贸易**

指商品的进口、出口和过境转运。

**监测**

指系统而持续地收集、整理和分析动物卫生相关信息，并及时传递信息，以便采取相应行动措施。

**进口国**（地区）

指商品最终运抵的目的地国家（地区）。

**区域**

指兽医主管部门在本国境内明确界定的部分区域，该区域内有特定的动物群体或动物亚群，相对于国际贸易或疫病防控有关的某种特定感染或侵染，这些动物具有特定的卫生状况。

**商品**

指活体动物、动物源性产品、动物遗传物质、生物制品和病理材料。

**生产**

指将家猪作为肉用畜进行饲养和育种。

**生产单元**

指无疫小区的各组成部分，可用于饲养牲畜（如畜舍或畜棚），为畜产品加工提供原料或服务以及加工来自养殖场的动物产品（例如，饲料厂、屠宰场、加工厂等）。

**生物安全**

指一套管理和物理措施，旨在降低在动物群内或群间输入、定植和传播动物疫病、感染或侵染的风险。

**生物安全计划**

指确定某地区或某小区疫病输入及传播潜在途径的计划，同时应说明为降低疫病风险，依据《陆生动物卫生法典》相关建议正在实施或将要实施的措施（若适用）。

**兽医辅助人员**

指由兽医法定机构授权并在兽医的领导和监督下，在其境内从事指定工作（工作内容取决于具体兽医辅助人员类别）的人员。兽医法定机构应根据需求、资质和培训，确定每一类兽医辅助人员的工作。

**兽医立法**

指涉及兽医领域的法律、法规和所有相关法律文件。

**兽医主管部门**

指 WOAH 成员的政府主管部门，由兽医、其他专业人员和兽医辅助人员组成，其职责是在其辖区范围内保障或监督实施动物卫生和动物福利措施、国际兽医认证以及《陆生动物卫生法典》规定的其他标准和建议。

**屠宰场**

指经兽医机构或其他主管部门批准，用于屠宰动物以及生产动物产品的场所，包括运输动物或安置待宰动物的设施。

**危害分析和关键控制点**（HACCP）

指对食品安全重大危害进行识别、评价和控制的系统。

**无疫小区**

指饲养在一个或多个养殖场的动物亚群，通过统一生物安全管理系统与其他易感动物群体隔离，以及为了国际贸易或疫病预防和控制目的，在一个国家或地区对一种或多种感染或侵染采取必要的监测、生物安全和控制措施[2]，并具有特定的动物卫生状况。无疫小区包括由猪、饲料、水、商品、车辆、人员等的移动而联系起来的多个物理实体。

**无疫小区建设者**

指负责无疫小区动物亚群的指定人员。

**亚群**

指可根据特定共同卫生特征从动物群体中识别出来的畜群。

**养殖场**

指饲养动物的场所。

**猪肉商品供应链**

指猪肉生产以及将猪肉产品分销给最终消费者过程中涉及所有活动的一体化。

**猪肉商品价值链**

指将产品或服务从概念阶段，经过不同生产阶段，交付给最终消费者直至使用后最终处理所需要的全部活动。

**主管部门**

指 WOAH 成员的兽医主管部门或其他政府部门，负责并有权限保障或监督境内实施动物卫生及动物福利措施、国际兽医认证和其他标准、WOAH《陆生动物卫生法典》及《水生动物卫生法典》中的建议。

**资格期限**

指位于非洲猪瘟无疫国或无疫区之外、申请非洲猪瘟无疫小区资格的企业接受兽医监督的持续时间，在任何情况下，这一持续时间都应足够长，以保证无疫小区没有非洲猪瘟病毒。资格期限的长短应直接取决于申请国的非洲猪瘟流行病学情况和对猪科动物开展的非洲猪瘟监测质量。

**子单元**

无疫小区生产单元的一部分，如饲养牲畜的畜舍、畜棚或畜舍中的畜栏。

# 目　录

CHAPTER 1

# 1 原则与实施方案

## 1.1 引言

WOAH是负责改善全球动物卫生状况的政府间组织，旨在帮助WOAH成员预防、控制和根除动物疫病。WOAH在《陆生动物卫生法典》和《陆生动物诊断试验和疫苗手册》中规定了改善动物卫生和动物福利的标准[3]。当前非洲猪瘟防控措施主要包括生物安全、扑杀、移动控制、无疫区建设以及针对感染非洲猪瘟的国家或区域的猪和猪产品贸易而采取的相应措施[1;4]，虽然这些措施的实施取得了一定成效，但非洲猪瘟仍然造成了严重的社会经济影响。

生猪生产在全球粮食安全中发挥着关键作用，并有助于那些依赖养猪业的人维持生计。鉴于全球非洲猪瘟的流行现状以及生猪生产对全球粮食安全和国民生计的重要性，应考虑将《陆生动物卫生法典》中描述的无疫小区建设和无疫区建设的运用作为非洲猪瘟防控战略的一部分。一个重要观点是，无疫小区建设和无疫区建设的实施可能会促进养猪行业的业务运转，并有助于保障粮食安全和就业安全[4]。为促进相关商品的安全贸易，在实施无疫小区建设和无疫区建设时，应考虑“基于商品”的理念，同时还应考虑到《陆生动物卫生法典》中规定的风险管理措施。

### 1.1.1 无疫区建设和无疫小区建设

疫病控制的最终理想目标是实现整个国家的无疫状况，但为发展国际贸易和防控动物疫病，在某一地域内建立和维持具有特定卫生状况的动物亚群，显然是有好处的。为此，WOAH成员可以根据各自的动物疫病流行病学状况、预期目的、兽医主管部门和私营部门的能力，以及其他相关因素等，考虑实施无疫区建设和/或无疫小区建设的措施。表1对这两个概念进行了比较。建议WOAH成员参考《陆生动物卫生法典》第4.4和4.5章，了解WOAH关于无疫区建设和无疫小区建设的建议。

**表 1　无疫区建设和无疫小区建设的比较[5;6]**

| 无疫区建设 | 无疫小区建设 | 备注 |
| --- | --- | --- |
| 相同点 | | |
| • 目的是在某一地域内建立和维持具有特定卫生状况的动物亚群，以逐步根除某种疫病，同时尽量减少该疫病对相关商品贸易的影响。<br>• 需要考虑所有流行病学因素和风险路径并有针对性地采取措施。<br>• 地理因素和生物安全管理对于维持动物亚群卫生状况都非常重要。<br>• 贸易伙伴的认可是促进国际贸易的必要条件 | | — |
| 不同点 | | |
| • 主要根据地理界限来定义。 | • 主要根据生物安全相关的共同管理和饲养实践来定义。 | — |
| • 动物卫生状况的维持靠实施区域内的卫生措施，如移动控制、监测（包括早期检测）。 | • 动物卫生状况的维持靠适用和验证无疫小区内部实施的通用生物安全管理系统的完整性以及监测（包括早期检测）。 | |
| • 主要是在发生疫病疫情时启动，无疫国或无疫区“无疫情时期”可以不用启动。 | • 主要且最好是在无疫国或无疫区的“无疫情时期”建立。 | |
| • 由兽医主管部门建立和管理。 | • 由私营部门在兽医主管部门的监督下建立和管理。 | |
| • 建立和维持费用主要由公共资源承担，尽管可能大部分是由私营部门负担 | • 建立和维持的费用主要由私营部门承担 | |
| 优点和缺点 | | |
| √ 惠及无疫区内所有动物（包括家猪、野猪）和从业人员。 | × 仅惠及无疫小区内的动物亚群和从业人员。 | 一般注意事项 |
| × 无疫区内任何动物感染疫病，均会影响经认可的无疫区内所有动物的卫生状况。 | √ 无疫小区所在地区/国家其他动物亚群发生动物疫病疫情的，不会影响经认可的无疫小区内动物亚群卫生状况。 | |
| × 无疫区建设的实施往往受流行病学路径的复杂性、畜牧生产体系多样性的影响。 | √ 无法通过地理因素隔离的，能够采取生物安全措施将一种动物亚群与其他卫生状况不同或未知的动物分开。 | |
| √ 无疫区建设的实施通常仅需要私营部门非常有限的投资，或根本不需要投资，或者也可能需要私营部门大量投资 | × 根据生物安全原则，私营部门需要在设施、设备、人力资源等方面大量投资来建立和维护无疫小区 | |
| × 在无疫区的地理范围内，对国内（区域内）和国际贸易以及动物和动物产品的移动采取一致的限制措施，不能体现高生物安全水平畜群或养殖场的优势。 | √ 无论地理位置如何，无疫小区的国内（区域内）和国际贸易以及动物、动物产品的移动可以不受区域动物卫生状况影响。 | 无疫国或无疫区暴发疫情后 |
| × 利用地理边界，将疫病的传播范围限制在某一地域指定感染区内，来维持其他地区的无疫状况。 | √ 依靠统一的生物安全管理制度，维护无疫小区内动物亚群的卫生状况，而不受地理位置的限制。 | |
| √ 无疫国或无疫区发生疫情的，根据《陆生动物卫生法典》第 4.4.7 条的规定建立感染控制区是快速恢复感染控制区以外区域的无疫状况的有效手段 | × 无疫小区发生疫情的，整个无疫小区将失去无疫状况，在采取恢复无疫状况所需的必要措施后，需要进行重新批准和认证 | |

## ▶ 国家经验

［南非］

### 选择无疫小区建设而不是无疫区建设

2005年，南非暴发了古典猪瘟（CSF），南非政府颁布了贸易禁令。由于南非是整个南部非洲发展共同体（SADC）地区的主要猪肉供应国，这对地区贸易造成了重大影响。虽然古典猪瘟疫情仅限于南非南部，但由于难以保证对大区间的移动情况进行控制，再加上养猪行业的特点，即主要大型商业养殖场都集中在东开普省（ECP）和西开普省（WCP），这两省都受到了疫情的影响，所以，南非选择实施无疫小区建设，而不是无疫区建设。随后，南非政府迅速制定了《古典猪瘟无疫小区程序手册》，并于2005年10月1日实施。随着无疫小区建设的实施，全国各地的无疫小区通过了官方批准，从古典猪瘟无疫小区出口的提议也受到了地区贸易伙伴的欢迎，这使南非能够快速、安全地重新开放其猪产品甚至部分生猪的出口。事实上，WOAH在2004年认可了无疫小区建设的概念，并在2005年将其纳入了《陆生动物卫生法典》有关古典猪瘟的章节，这极大地促进了贸易谈判。

## 1.1.2 实施无疫小区建设带来的国内（区域内）和国际利益

非洲猪瘟病毒传入非洲猪瘟无疫国或无疫区将造成重大的社会经济影响。一旦暴发非洲猪瘟疫情，最明显、最直接的后果是受影响养殖场的生猪死亡和/或被扑杀，给猪肉生产商和价值链相关部门造成巨大的经济损失，随后全国就会不可避免地实施出口禁令，产生间接成本损失。

### 1.1.2.1 无疫小区建设：一种风险管理策略

如果非洲猪瘟病毒传入某个国家或区域，将会对私营部门造成直接、即时的影响，养殖场可将无疫小区建设作为一种风险管理策略，维护其动物卫生状况，从而保护其业务，进而有助于维护国家和国际层面猪肉供应链的安全。良好的生物安全管理制度是无疫小区建设的一部分，可以保护无疫小区免受非洲猪瘟疫情的侵袭。这样，养殖场就可以持续进行无疫小区猪和相关商品的贸易和移动，可以继续开展无疫小区的业务以及猪肉的供应，且将停工时间减到最短，即使无疫小区所在国家或区域暴发了非洲猪瘟疫情，只要贸易伙伴在“无疫情期间”已经认可了无疫小区建设，情况也是如此。

### 1.1.2.2 保护商业运转，保障食品安全

因此，无疫小区建设是一种可以保护商业运转、维持进入国际市场机会的

机制。同时，生物安全管理制度还可以保护无疫小区内的动物亚群免受非洲猪瘟外的其他动物传染病的侵害，从而也就降低了生猪生产业务的损失，有助于从国家层面确保食品安全。私营部门在兽医主管部门的监督和批准下建立和维持无疫小区，是对国家疫病根除措施（例如无疫区建设）的补充。其他动物生产行业为解决各种动物疫病的威胁也成功实施了无疫小区建设。

→附录 13 介绍了几个国家在实施无疫小区建设方面的经验，以供参考。

## ▶ 国家经验

### [南非]

#### 无疫小区建设：“双赢”的局面

在南非，无疫小区建设是一种自愿实施的制度。农民承担实施无疫小区建设的费用，从而获得动物疫病保护和贸易卫生保障。这是一种“双赢”的局面，即农民对动物卫生进行投资，并承担无疫小区建设的费用，从而赢得了市场优势，而国家则受益于改进的疫病控制计划，政府承担的成本更低。例如，南非在规模化养猪场中广泛实施无疫小区建设，极大促进了南非对 2005 年古典猪瘟疫情以及随后所有相关猪病疫情的控制。这是由于无疫小区建设几乎降低了整体商业养猪业的疫病风险以及大型猪屠宰场传播疫病的风险。在疫情期间，无疫小区保护了南非大部分生猪，使南非可以更好地管理非正规部门和半商业部门。

### [巴西]

#### 无疫小区建设：更安全的贸易

巴西在开拓动物产品市场的过程中尚未体现出其自身案例中的无疫小区建设。然而，其无疫小区建设在保持家禽产业链的持续发展，尤其是在种禽方面的应用，有可能降低了人们对可能会发生在巴西的高致病性禽流感和新城疫的风险认知。基于保持家禽产业持续发展的需求，这种风险认知的降低对减少国家家禽生产成本产生了积极有利的影响。在动物和动物源性产品国际贸易中，特别是在涉及跨界动物疫病的情况下，尽管起初可能会受到更多限制，但有效地使用无疫小区建设的概念，能够更快地恢复相关贸易。

此外，无疫小区建设还带来了生物安全方面的投资，包括物理设施和良好的生产实践，这两方面都非常有利于提高动物生产和生产力，以及食品安全。国家开始讨论这一专题时以及在应用的过程中都得到了WOAH的积极参与和支持。这对于激发进一步的建设性讨论和强化日常管理框架的建设是十分必要的。

# 1.2 原则

## 1.2.1 非洲猪瘟疫情背景下实施无疫小区建设

根据《陆生动物卫生法典》第4.5.2条关于界定无疫小区的原则，建立非洲猪瘟无疫小区的关键原则是必须明确确定无疫小区内动物亚群的非洲猪瘟状况。根据《陆生动物卫生法典》的要求，必须标识和追溯所有来自非洲猪瘟无疫小区的生猪。明确规定非洲猪瘟无疫小区涵盖的所有养殖活动、车辆、饲料和屠宰等设施和场所，如果它们不属于无疫小区，必须清楚地说明它们与无疫小区的关系，并在无疫小区申请材料中说明它们与无疫小区的功能关系及其是如何做到流行病学隔离的[7]。这些原则的目的是将无疫小区内的动物亚群与无疫小区外的动物亚群进行彻底的流行病学隔离，以预防任何非洲猪瘟病毒的传入。非洲猪瘟无疫小区的非洲猪瘟无疫状况及其可行性受一系列物理因素和空间因素的制约，其中包括国家或区域内存在的野猪、野化猪和钝缘软蜱，无疫小区邻近的其他当地猪群、植被、景观、邻近高速公路以及无疫小区外部的屠宰场等。为建立和维持能够抵御各种非洲猪瘟病毒传入的非洲猪瘟无疫小区，必须针对非洲猪瘟病毒传入风险路径制定并实施可靠的生物安全计划，并定期进行评估，评估时应考虑各种风险路径的特征及其可能会发生的变化。制定生物安全计划时，必须考虑到非洲猪瘟无疫小区完整性相关的所有因素，且必须证明无疫小区能够抵御非洲猪瘟病毒的入侵，这一点可以通过风险评估来证明。详细描述所有潜在非洲猪瘟病毒入侵路径并评估其对无疫小区的风险，在此基础上制定生物安全计划，并充分证明标准操作程序的实施能够有效降低相关风险。

---

→附录1用图例说明了非洲猪瘟背景下的无疫小区建设概念。

---

## 1.2.2 非洲猪瘟无疫小区的定义

◆ **是什么？**

无疫小区是指通过统一的生物安全管理制度维持特定的动物卫生状况，且与其他动物亚群隔离的一个或多个养殖场内的动物亚群。无疫小区是针对一种或多种特定动物疫病而建立的，并根据动物亚群共有的一些因素进行定义，这些因素能够有效隔离具有较高疫病风险的其他动物。在本指南中，这种疫病特指非洲猪瘟[3;8]。在定义非洲猪瘟无疫小区时，应完全遵守《陆生动物卫生法典》第 4.4 章关于无疫区建设和无疫小区建设、第 4.5 章关于无疫小区建设应用以及第 15.1 章中关于非洲猪瘟病毒感染的有关建议。

## ◆ 怎么做?

定义非洲猪瘟无疫小区时，至少应包括以下信息：

→确定无疫小区计划防控的动物疫病，即非洲猪瘟。

→确定无疫小区生产的相关商品。

→确定无疫小区组成部分（即养殖场、其他相关生产单元或子单元），包括饲料厂、屠宰场、加工厂，以及各生产单元所处的位置和处于统一的生物安全管理制度[3;8]：

- →确定无疫小区组成部分时，无需将所有生产单元或子单元都纳入无疫小区，但从相关生产单元或子单元引进动物、产品或其他物料的，须遵守《陆生动物卫生法典》第 15.1 章规定的相关标准。例如，上游祖代种畜养殖场可以不纳入无疫小区，但无疫小区应根据《陆生动物卫生法典》第 15.1.10 到 15.1.12 条关于引入精液/胚胎的要求，引进其种质或胚胎。
- →不管无疫小区的整体范围如何，都应始终包括一个“动物亚群”。无疫小区内任何下游的生产单元和子单元中的相关产品离开无疫小区前，都是无疫小区的一部分，都需要保持同等卫生状况。这意味着如果无疫小区以猪肉作为最终产品，那必须将屠宰、分割和加工等生产单元和子单元定义为无疫小区的一部分。这些单元最好只接收无疫小区的动物和动物产品；如果加工卫生状况不同的动物和动物产品，则应采取严格的隔离措施和生物安全措施，以确保能够维持非洲猪瘟无疫小区动物和动物产品的卫生状况。可以采取追溯和防止交叉污染的措施，比如在加工无疫小区内外的动物时，在时间和空间上采取严格的隔离措施（例如不同生产线、不同加工日期）。任何情形下，必须将无疫小区内的动物或动物产品在生产单元和子单元之间的运输过程作为无疫小区的一部分。图 1 列出了一些示例进行说明。

→标识无疫小区内的动物亚群，通过与其他动物群体的明确流行病学隔离来识别这一动物亚群，这种流行病学隔离可有效缓解所有不可忽略的风险

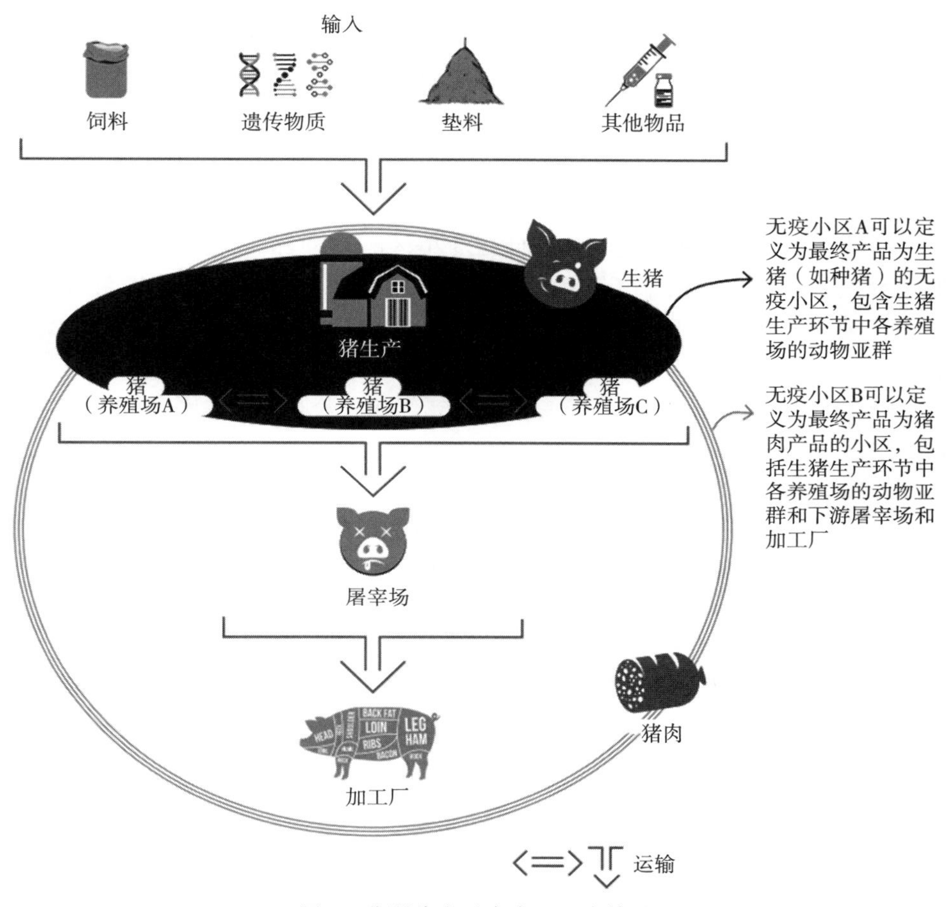


图 1　非洲猪瘟无疫小区组成单元

注：注意这里的无疫小区 A 和无疫小区 B 均不包含各种输入物。根据《陆生动物卫生法典》术语表中的生无疫小区定义，因屠宰场和/或加工厂不涉及任何动物亚群，不得独立定义为无疫小区。

因素[3;8]。

→描述无疫小区各单元间的功能关系，最好用地图和图表来说明如何通过功能性隔离和流行病学隔离实现无疫小区动物亚群和其他动物群体间的流行病学隔离，例如：

→无疫小区的所有权和管理[3;8]。

→确定负责疫病监测、应急计划、内部审计等关键工作的负责人[3;8]。

→无疫小区与其他生产单元或子单元的关系，比如，饲料厂和无害化处理厂[3;8]。必须按照相关标准（如标准生产措施）将饲料、垫料和生物材料等物料运入无疫小区，以降低非洲猪瘟病毒传入风险。

→实施包含生物安全指南的行业改进计划，如卫生改进计划和养殖登记[3;8]。

→针对具体非洲猪瘟病毒传入路径，量身制定适合无疫小区的详细生物安全计划，该计划应涉及生物安全管理制度（见下文 1.2.4.2.1）和 WOAH《无疫小区建设实用清单》的内容[3;8]。

→结合记录和监管情况，对来自无疫小区的动物和相关产品实施标识和追溯管理，此外，应根据《陆生动物卫生法典》第 4.3 章关于标识系统的设计和实施，以及第 4.5.3 条关于追溯系统的规定对动物和相关产品实施追溯[3;8]。

→在无疫小区建设者和兽医主管部门之间建立公私伙伴关系，明确界定各自的角色和职责[3;8]。

→确定维持无疫小区非洲猪瘟无疫状况的其他重要因素，这些因素涉及无疫小区与其他未知或不同非洲猪瘟卫生状况的动物群体进行功能性隔离，包括卫生措施、环境风险因素、管理和生产操作等。

◆ **预期成果**

非洲猪瘟无疫小区明确定义了所有组成单元的位置、相互关系及如何实现无疫小区内外动物亚群的流行病学隔离，还界定了非洲猪瘟特定流行病学因素、动物生产体系、生物安全实践、基础设施和监测等因素[3;8]。

## 1.2.3 生猪供应链和价值链

充分了解猪肉供应链，特别是价值链，对于非洲猪瘟无疫小区全面进行风险评估并有效制定相应降低非洲猪瘟传入风险的措施至关重要。供应链涉及消费者需求过程相关的所有实质环节。

### 1.2.3.1 综合方法

价值链方法充分考虑了供应链涉及的所有活动和各参与者的利益，从而提供了一个更全面的视角[11-15]。猪肉供应链或价值链的结构（其中非洲猪瘟无疫小区构成了一部分）包括生产最终产品的不同阶段，并最终交付给消费者[16;17]。大体可分为三个阶段，即：

→饲料生产，加工和储存；

→生猪生产（包括育种）；

→屠宰与初加工。

每阶段内容通常都与其他供应链或价值链、参与者，甚至可能是非洲猪瘟无疫小区相关联[16;17]。

→附录3图6列举了猪肉供应链或价值链示例。

饲料生产阶段包括“料到口”的全部过程。这一阶段包括颗粒饲料、添加剂、农作物等从源头到无疫小区的供应和运输过程。

生猪生产阶段包括从育种、育肥到屠宰的所有过程[18]。可以将生猪作为一种重要初级产品也可以看作育肥场投入品。如果无疫小区只包括育肥/育成单元，必须确保引进的生猪处于无非洲猪瘟状况。育种单元包括遗传育种公司，不一定属于无疫小区，或也可能是无疫小区的一部分。在非洲猪瘟无疫小区中，生猪生产必需的输入物（如精液稀释液、药物和疫苗）是潜在的非洲猪瘟病毒传入风险路径，此外，处理死猪和扑杀猪的参与人员也是如此。

屠宰和加工阶段的初级产品包括肉、皮制品等。应将生猪至屠宰场的运输过程和所有屠宰后加工过程，包括运输至零售商或仓库的过程，作为风险评估的一部分。

#### 1.2.3.2 受人类行为影响的非洲猪瘟病毒风险

人类行为对猪肉价值链的影响，会进而影响非洲猪瘟病毒传入风险，兽医主管部门在规划非洲猪瘟无疫小区生物安全计划时需要考虑到这一点。供应链方法主要侧重于从原材料（饲料和生猪）到猪肉的转化，这并不能充分反映人类行为对非洲猪瘟病毒感染风险的影响或非洲猪瘟无疫小区输出物污染的影响。因此，建议对猪肉价值链进行描述。

### 1.2.4 无疫小区与潜在非洲猪瘟病毒来源的流行病学隔离

鉴于国内（区域内）、国际猪肉供应链和价值链的复杂性，非洲猪瘟病毒传入一个国家或一个国家的非洲猪瘟无疫小区存在一系列多样化的流行病学路径。为预防非洲猪瘟病毒通过这些路径传入，非洲猪瘟无疫小区必须针对特定非洲猪瘟风险环境建立相应的生物安全风险管理体系。

#### 1.2.4.1 风险评估

◆ 是什么?

风险评估是指根据WOAH风险分析框架规定的方法，以及《陆生动物卫生法典》第2.1章关于进口风险分析以及《WOAH进口风险分析手册》的规定，使用系统的科学评估方法来估计非洲猪瘟传入无疫小区并且传播的风险[19-21]。

→附录3列出了建立非洲猪瘟无疫小区所需的详细风险评估示例。其中，熟悉猪肉供应链，特别是猪肉价值链，对开展科学的风险评估至关重要。

风险评估通常分为传入评估、暴露评估和后果评估。确定的风险路径以及路径上每一步相关风险估计有利于优化新的和现有的风险管理措施，这些措施增强了主要利益相关方对非洲猪瘟无疫小区的信心。更具体地说，传入评估和暴露评估为生物安全管理制度的设计提供了依据，而风险估算则说明了无疫小区应对病毒入侵的能力，后果评估和相关风险路径为监测系统的设计提供了依据。主要利益相关方将根据总体风险评估结果来确定无疫小区发生非洲猪瘟病毒感染/污染风险是否达到其预期的可接受水平。如果风险评估结果达不到他们的期望，这可能意味着必须加强风险管理，或者利益相关方将不会接受该无疫小区的产品。整个无疫小区的风险评估过程中应考虑和认可无疫小区非洲猪瘟病毒风险边界的定义[6;22]。总体风险估算通常由特定疫病事件的可能性及其对卫生、环境或社会经济的不利影响两部分组成。在实施无疫小区建设的过程中，风险评估的主要目的是评估感染/污染的可能性。

鉴于非洲猪瘟病毒感染或污染的风险不可能为零，建议主要利益相关方在实施无疫小区建设前，就可接受的风险水平达成一致。或者，进口贸易伙伴需要在审批过程的后期决定他们可接受的非洲猪瘟病毒风险水平。对于贸易，这也被称为“适当的保护水平”或ALOP[19;23]。需要对利益相关方重点强调的是，零风险是不实际的，因为即使是非洲猪瘟无疫国或无疫区也无法确保零风险[19]。主要利益相关方还应就是否需要开展定性、半定量或定量风险评估达成一致[19]。

强烈建议在建立无疫小区之前进行风险评估，因为这将有助于有针对性地制定生物安全计划和监测计划。风险评估是申请认证文件中的重要内容。对无疫小区输出物进行非洲猪瘟病毒感染/污染风险估计以及采取相关风险管理措施，是兽医主管部门批准或潜在贸易伙伴接受无疫小区的关键因素。

无疫小区所在国家或区域的非洲猪瘟病毒风险水平严重影响着非洲猪瘟病毒传入无疫小区的风险。因此，国家风险评估是开展无疫小区风险评估的前提条件，同时应考虑国家现行的风险管理措施。

兽医主管部门应综合考虑国际形势和最新科学发现来实施国家风险评估。无疫小区建设者负责开展透明的、系统的、科学的无疫小区风险评估。强烈建议此类风险评估要么由独立于无疫小区建设者的一方开展，要么由独立的第三方进行审核。兽医主管部门可以负责这种审核。

无疫小区风险评估开展情况需要记录在风险评估文件中，并在制定生物安全计划和监测计划时进行参考。当一些风险发生重大变化时，须重新进行风险评估，如外部流行病学变化、非洲猪瘟病毒传入无疫小区风险变化、无疫小区内部变化、可能影响无疫小区输出产品的非洲猪瘟病毒风险变化等。风险评估结果应体现出将会采取哪些风险管理措施。根据资源的可用性和外部非洲猪瘟病毒风险，可以定期开展风险评估，此外，无论何时，无疫小区建设者或兽医主管部门一旦发现无疫小区外部或内部非洲猪瘟病毒风险发生变化，都可以开展风险评估。作为应急措施，利益相关方必须商定合理的缓冲期，以便在此期间完成对这种潜在风险变化的评估。

### ◆ 怎么做？

→附录 3 详细介绍了如何按照《陆生动物卫生法典》第 2.1 章和《WOAH 进口风险分析手册》的规定，进行非洲猪瘟无疫小区的风险评估示例。

由于无疫小区生物安全措施的有效性取决于所有工作人员的落实情况，因此，确保无疫小区管理人员以及工作人员了解非洲猪瘟病毒如何传入是十分重要的[2]。因此，建议这些人员参与风险评估，因为他们可能会识别其他风险因素甚至风险路径。这些人员通过参与风险评估过程和风险管理政策的制定，能够更好掌握这些程序和政策。

为确保贸易的持续性，在外部非洲猪瘟风险环境发生变化时，如某个国家失去非洲猪瘟无疫状况，其无疫小区的状况应不受影响。但如果该变化使无疫小区的整体非洲猪瘟病毒风险超过既定的可接受水平，则必须立即对利益相关方发出预警，并暂停无疫小区的非洲猪瘟无疫状况。

### ◆ 预期成果

无疫小区建设者应编制风险评估操作文件，在文件中描述无疫小区的风险管理政策。风险评估文件应包括详细的风险评估路径、针对具体途径的风险估算以及总体风险估算，这些内容有助于确定所需的生物安全措施。无疫小区可操作的风险评估文件必须考虑到风险估算对无疫小区外部更广泛的风险环境变化的敏感性，以及具体风险管理措施失败（即生物安全漏洞）的情况。无疫小区建设者必须随时审核这份文件，根据风险管理政策进行调整，并在每次风险评估后进行修订。

## ▶ 国家经验

### [智利]

**生猪无疫小区基于风险的生物安全措施**

智利建立了口蹄疫、古典猪瘟、非洲猪瘟和伪狂犬病无疫小区，目前智利尚未发生这些疫病。无疫小区建设过程中考虑到了外部环境和流行病学关系的特征。对这些疫病在无疫小区各单元中的传入和传播情况进行风险评估。根据风险评估结果，制定了生物安全措施。无疫小区建设者制定了无疫小区技术方案，详细说明了无疫小区各单元实施这些生物安全措施的情况。兽医主管部门负责初步评估、批准和随后的审核。

#### 1.2.4.2 风险管理

风险管理政策的目标是使无疫小区的整体风险估算达到主要利益相关方，特别是无疫小区产品接收方可接受的水平。为确定无疫小区风险管理政策的必要内容，需要详细审核与每个风险路径相关的初始风险评估生成的风险估算、与同一风险路径中的每个步骤相关的条件关系，以及它们对无疫小区外部更广泛的风险环境变化的敏感性。这将使利益相关方能够确定哪些风险路径以及在每条路径中的哪些步骤需要采取可行、有效的风险管理措施。对于某些风险路径，可能有必要在路径后续步骤中采取风险管理措施，以降低整体风险预期水平。此外，还需要检查风险管理措施是否会失败。

无疫小区风险管理措施应包括生物安全管理制度、非洲猪瘟病毒监测体系、生猪和猪肉产品追溯体系以及饲料等相关输入物风险的管理。

#### **1.2.4.2.1 生物安全管理制度**

**◆ 是什么？**

生物安全是指为降低动物疫病传入、暴发和传播的风险而设计的一套管理措施和物理措施，目的是控制动物疫病传入某动物群体、从某动物群体传出或在某动物群体内传播[2]。无疫小区建设者必须将生物安全管理制度作为无疫小区建设的一部分，以此来制定生物安全管理制度。由于无疫小区的生产单元或子单元在无疫小区建设之前可能已经实施了生物安全措施，因此需要根据风险评估结果对这些措施进行审查和调整。生物安全措施应尽量降低非洲猪瘟病毒传入无疫小区的风险，并降低非洲猪瘟病毒在生产单元或子单元之间传播的风险。

生物安全的三个主要步骤如下[21;24]：

→隔离：建立并维持屏障，以限制染疫动物、污染物料进入无疫小区。合理实施该措施可以预防大部分污染和感染。在无疫小区不同生产单元或子单元之间实施该措施，也是很重要的。

→清洗：必须对进入（或离开）无疫小区的物料（例如车辆、设备）彻底进行清洗，以清除肉眼可见的污垢。这一措施也会清除大部分污染物料表面的病原体。

→消毒：合理进行消毒，可以杀灭经彻底清洗的物料表面残余的所有病原体。

专门的生物安全管理制度是建立非洲猪瘟无疫小区的基础，以生物安全计划的形式呈现。科学的生物安全管理制度可以考虑采用危害分析和关键控制点（HACCP）的方法[21;25]。

生物安全管理制度应能够证明无疫小区的完整性，并确保其卫生状况不会因无疫小区外部更广泛的非洲猪瘟病毒风险环境的变化而受到影响，如外部非洲猪瘟流行病学状况的变化。生物安全计划是一项应急措施，应有效地弥补生物安全措施可能出现的某些漏洞，这也是十分重要的。为最大限度地降低无疫小区输出物的感染或污染风险，生物安全管理制度还要考虑采取无疫小区内各单元间的阻断和防护措施。

## ◆ 怎么做？

无疫小区建设者应与兽医主管部门合作制定生物安全管理制度，并编制相关生物安全计划。应按照《陆生动物卫生法典》第 4.5.3 条关于无疫小区与潜在感染源的隔离、第 4.4.3 条关于定义和建立无疫区或无疫小区的有关要求[3]，编制生物安全计划。

生物安全管理制度中包含的具体生物安全措施应考虑到非洲猪瘟病毒传入无疫小区的每个风险路径的各步骤以及最终风险估算。如果总体风险估算的风险水平不可接受，则需要针对特定风险路径采取生物安全措施。所选的生物安全措施类型或组合必须将无疫小区的总体风险估算降到可接受的水平或以下。很可能需要沿着同一风险路径实施若干措施，以使风险估算达到可接受的水平。同样，重要的不仅是要考虑生物阻断措施，还要考虑对病毒可能传入的无疫小区具体生产单元或子单元实施生物防护措施。生物安全措施必须切实可行且考虑成本效益。无疫小区建设者制定生物安全措施时，也必须考虑修改后的风险估算对无疫小区外部更广泛的风险环境变化的敏感性。这样做的目的是在更广泛的风险环境下能够保障无疫小区的完整性，并因此保障其卫生状况不受这些变化的影响。

为落实无疫小区的生物安全管理制度，无疫小区建设者应编制详细的标准操作程序（SOP），处理每个风险路径，并明确规定提升生物安全、预防非洲猪瘟病毒传入的生物安全措施相关程序。内部或外部有关专家应协同无疫小区风险管理小组一起编制标准操作程序。应定期审核标准操作程序的实施效果，如果风险环境发生变化，可能需要对其进行修订。必须在全体工作人员中创造一种遵守生物安全计划的氛围。为实现这一目标，必须为工作人员提供相关、持续的培训，如果可能，主要工作人员应参与制定生物安全计划。此外，标准操作程序应该符合无疫小区实际生产情况，所有工作人员应接受相关培训。还建议实施标准操作程序的合规性监测计划（CMP），以便发现标准操作程序执行过程中的不足之处，并评估所实施的生物安全措施的效果和可能的失败情况。合规性监测计划（CMP）中可能包括与工作人员面谈、在操作过程中进行观察、评估文件或报告（根据具体情况而定）。理想的情况是，最好有一名工作人员专门负责实施合规性监测计划（CMP）。此外，还应定期进行评估[26]。

一般来说，标准操作程序应规定[3]：

→生物安全措施的实施、维持和监测；

→如何采取纠错措施；

→纠错核查过程；

→保存记录及记录保存时间；

→向兽医主管部门报告的程序。

无疫小区出现生物安全漏洞的，必须启动应急计划，将应急计划作为生物安全计划的一部分，并妥当编制成书面文件。应急计划的首要目的是防止无疫小区的卫生状况受到损害，并准备在无疫小区出现非洲猪瘟疫情时采取必要的应对措施。对可能出现生物安全漏洞的潜在控制点的情况以及实施风险评估的敏感性进行分析后，可启动应急计划。出现生物安全漏洞期间，须明确界定无疫小区建设者和兽医主管部门的职责[3]。

有关生物安全计划的具体细节，包括对生物安全管理制度的描述，以及标准操作程序和应急计划，读者可参考《WOAH 无疫小区建设应用清单》。无疫小区建设者可以参考 FAO/WOAH 出版的关于协助制定和实施生物安全措施的《养猪业生物安全良好规范——发展中国家和转型期国家在制定和实施生物安全措施方面的问题和选择》[24]。附录 5 中还提供了一份“无疫小区检查表”，这份表是根据非洲猪瘟无疫小区预期实现的生物安全成果制定的，用于指导无疫小区的实际建立工作。

## ◆ 预期成果

非洲猪瘟无疫小区有效实施生物安全管理系统，并编制生物安全计划，能够防止非洲猪瘟病毒传入，并能够有效应对无疫小区外部流行病学形势的变化，以确保无疫小区内的所有生猪及其产品不受非洲猪瘟病毒的影响[8;27]。生物安全管理系统也能弥补个别生物安全措施的微小漏洞。一旦发现病毒，整个系统还能将病毒控制在部分单元内部，将病毒传播到无疫小区其他单元的风险降到最低。

无疫小区建设者应将生物安全措施对实施风险评估中确定的不同风险途径相关风险估计的影响编制成文件，来证实生物安全管理系统的有效性。这也意味着可能需要对生物安全计划和风险评估文件进行相互印证。

## ▶ 国家经验

### [英国]

#### 种禽无疫小区的生物安全要求

家禽无疫小区的生物安全要求分为“结构特征”（即物理生物安全特征）和“管理条款”（维持所需生物安全水平应遵守的标准操作程序）。在确定的高风险时期，还必须进一步加强多项生物安全措施。这些生物安全和监测要求同等适用于家禽养殖场和孵化场无疫小区管理，并发布于英国家禽委员会网站（www. britishpoultry. org. uk/about-bpc/defra-compartments/）。除生物安全措施外，还需要进行监测以确保时刻掌握无疫小区内的疫病状况。监测内容不仅包括采样和实验室检测，还包括但不限于对生产和死亡数据的监测，以掌握这些数据的发展趋势。在疫病传入风险较高的时期，要求加强实验室监测。私营实验室和公共实验室共同负责监测工作，其中，以私营实验室为主。

### [加拿大]

#### 种鲑无疫小区的生物安全计划

在加拿大，必须依据国家无疫小区建设标准制定无疫小区生物安全计划，并根据风险评估结果制定针对不同风险路径的标准操作程序。兽医主管部门与私营部门共同协商制定国家相关标准。加拿大食品检验局（CFIA）流行病学家开发了一套无疫小区分析框架，并将其应用于各无疫小区，以评估其疫病传入风险、确定所需实施的监测水平。加拿大食品检验局负责决定、制定、实施和调整（如有必要）其无疫小区监测计划。同时，无疫小区建设者有权提出监测计划中的不足之处。无疫小区建设者经官方批准后，可负责制定和实施生物安全计划，将其疫病传入的风险降低到可接受的水平，以及将可能影响相关疫病传入风险的任何生物安全漏洞报告给加拿大食品检验局，从而使其修改监测计划。

**1. 2. 4. 2. 2　监测系统**

无疫小区监测系统的目的是向主要利益相关方保证非洲猪瘟无疫小区的完

整性，并最终使他们确信无疫小区的所有输出物都没有感染非洲猪瘟病毒或其非洲猪瘟病毒风险低于可接受水平。

无疫小区建设者应与兽医主管部门密切合作，共同设计非洲猪瘟监测系统[3]。无疫小区的监测系统必须符合《陆生动物卫生法典》第1.4章动物卫生监测、第1.5章动物疫病节肢动物虫媒的监测、第15.1.28条到15.1.33条规定的关于非洲猪瘟监测的具体建议，随后由兽医主管部门批准实施。兽医主管部门应在了解非洲猪瘟病毒传播风险路径和传播路径各步骤的重要性的基础上，建立无疫小区监测系统。无疫小区监测系统应能够快速检出传入的非洲猪瘟病毒，监测无疫小区输出物感染或污染非洲猪瘟病毒的可能性，以及输出物离开无疫小区继续维持低于规定的可接受水平的可能性[28]。兽医主管部门还应按照《陆生动物卫生法典》第15.1.28条的规定，根据国家流行病学状况调整监测系统，考虑到非洲猪瘟独特的流行病学特征，开展无疫小区内部监测和外部监测。

兽医主管部门需要针对风险评估中风险路径的主要步骤确定监测系统。风险评估中的释放评估、暴露评估和后果评估均对监测系统的设计具有特定意义。监测系统应涵盖风险路径主要步骤的各环节。

无疫小区建设者应定期向兽医主管部门提交监测报告。此外，应按照《陆生动物卫生法典》第1.4.3条监测系统质量保证和《WOAH陆生动物卫生监测指南》第3章的规定，定期正式评估监测系统[29]。

兽医主管部门应从敏感性、及时性、代表性等方面来评估监测系统的有效性[30]。建立无疫小区时，主要利益相关方应就监测质量属性的目标达成一致。最重要的是应根据监测目标和质量属性，评价监测系统的整体有效性。

兽医主管部门应优化组合检测项目，确保达到商定的质量属性目标，以此建立监测系统。应在无疫小区内外都实施监测项目。

兽医主管部门应根据《陆生动物卫生法典》第1.4章动物卫生监测和《WOAH陆生动物卫生监测指南》的规定，编制监测系统文件，并将其作为监测计划[31]。

**1.2.4.2.2.1　非洲猪瘟监测的一般注意事项**

**1.2.4.2.2.1.1　报告标准**

### ◆ 是什么？

尽管《陆生动物卫生法典》第15.1.1条中规定了非洲猪瘟病毒感染的病例定义（即确诊的非洲猪瘟病例），兽医主管部门还应该确定非洲猪瘟病毒疑似感染的定义（即疑似非洲猪瘟病例），这样就能够制定非洲猪瘟相关的疑似病例标准，以供调查和报告使用。此类定义适用于无疫小区内部、国家的其他地区，兽医主管部门应在国家非洲猪瘟监测计划中明确描述这些定义。

## ◆ 怎么做？

WOAH 成员在确定疑似非洲猪瘟病例的具体定义时，必须考虑国家或地区非洲猪瘟流行病学相关背景和其他因素（例如现有的实验室服务）。《陆生动物卫生法典》第 15.1 章规定了确诊非洲猪瘟病例的定义。

WOAH 成员确定了疑似非洲猪瘟病例的具体定义后，应规定其无疫小区建设者如发现任何符合疑似非洲猪瘟病例或符合《陆生动物卫生法典》第 15.1.1 条非洲猪瘟确诊病例定义的动物，必须按照报告制度，立即向兽医主管部门报告。此外，根据具体情况，可以将饲料、种质等其他样品纳入监测系统。无疫小区建设者如发现任何非洲猪瘟病毒阳性样品，都应立即报告兽医主管部门。兽医主管部门收到报告后，应尽快启动正式调查并采取必要跟进措施[29]。

## ◆ 预期成果

兽医主管部门制定了非洲猪瘟疑似病例和确诊病例的标准定义，以供调查和报告使用。应在国家非洲猪瘟监测计划中规定这些定义，并根据具体情况调整，使其与国家或区域适用的 WOAH 非洲猪瘟病例定义保持一致，同时制定与疑似病例和确诊病例相关的风险管理措施。

表 2 总结了非洲猪瘟疑似病例定义示例。其中包括美国农业部（USDA）动植物卫生检验局（APHIS）对非洲猪瘟疑似病例和假定阳性病例的定义，具体见《猪出血热：非洲猪瘟和古典猪瘟综合监测计划》，以及《陆生动物卫生法典》第 15.1.1 条关于 WOAH 对猪科动物感染非洲猪瘟病毒的定义[32]。

**表 2 美国农业部和 WOAH 的病例定义示例[29]**

| 病例类别 | 定　义 |
| --- | --- |
| 疑似病例（USDA） | 具有相关临床症状［如发热、脉搏跳动过快、呼吸频率快、嗜睡、厌食、卧地不起、呕吐、腹泻，流鼻血、眼屎，流产、皮肤发红、动作不协调（运动失调）等］，且流行病学特征与非洲猪瘟一致 |
| 假定阳性病例（USDA） | 通过聚合酶链式反应（PCR）或非洲猪瘟抗体检测，筛选结果非阴性的疑似病例，在官方指定的实验室中通过两次不同抗体检测的疑似病例 |
| 确诊阳性病例（WOAH） | 1）从猪样品中分离出非洲猪瘟病毒；<br>2）或者，从猪样品中检出非洲猪瘟病毒特异性抗原或核酸，这些猪或有非洲猪瘟临床症状或病理病变，或与疑似病例或确诊病例有流行病学关联，或怀疑与以往非洲猪瘟病毒相关或有接触；<br>3）或者，从猪样品中检测到非洲猪瘟特异性抗体，这些猪或有与非洲猪瘟临床症状一致的症状，或与疑似或确诊病例有流行病学关联，或怀疑与以往非洲猪瘟病毒相关或有接触 |

#### 1.2.4.2.2.1.2 实验室诊断检测

◆ 是什么?

考虑到国家或区域的特定非洲猪瘟流行病学状况，可能需要在监测过程中进行实验室诊断检测。实验室检测的效果和疫病的流行率会影响监测结论，兽医主管部门应在设计监测系统和分析监测数据时考虑到这一点。为达到预期的目的，应按照《陆生动物诊断试验和疫苗手册》第3.8.1章中关于非洲猪瘟（感染非洲猪瘟病毒）的建议，根据具体情况选择实验室诊断检测[33]。为进行无疫小区建设，监测系统中的实验室检测的诊断能力和程序应符合《陆生动物诊断试验和疫苗手册》第4.5.6章关于诊断能力和程序的规定[8]。为提高病毒检测的成本效益，可以考虑使用生猪血液或口腔液混合取样的方法[34;35]。

◆ 怎么做?

应在官方指定的实验室进行非洲猪瘟病毒实验室诊断检测，兽医主管部门直接监督或以其他方式认证这些实验室。养猪行业中的私营实验室也可以向兽医主管部门申请授权成为此类官方指定实验室，为此，兽医主管部门应参考WOAH和其他有关国际标准，用适当的方式评估每所实验室的能力。这些实验室应符合《陆生动物诊断试验和疫苗手册》第1.1.5章中规定的WOAH质量保证标准。这类实验室的非洲猪瘟实验室检测和程序应符合《陆生动物诊断试验和疫苗手册》第3.8.1章中的建议，还应符合《陆生动物诊断试验和疫苗手册》第1.1.6章规定的恰当验证检测方法的要求。

除诊断能力外，非洲猪瘟检测实验室还应具有系统性的检测程序以及向兽医主管部门快速报告的系统。如发现任何不确定的或阳性的检测结果，应立即报告给兽医主管部门，并根据具体情况提交给国家参考实验室、WOAH参考实验室或其他参考实验室进行进一步确诊检测[8;36]。

◆ 预期成果

为维持非洲猪瘟监测系统的质量属性，特别是诊断检测的敏感性和特异性，非洲猪瘟无疫小区应在具备诊断能力和符合《陆生动物诊断试验和疫苗手册》相关标准程序的官方指定实验室开展非洲猪瘟病毒实验室诊断检测。此外，这些实验室还应建立有效的报告系统，以便及时向兽医主管部门报告任何须通报病例。

#### 1.2.4.2.2.1.3 内部监测

◆ 是什么?

非洲猪瘟无疫小区内部监测的目标如下：

→快速检出传入无疫小区的非洲猪瘟病毒；

→证明无疫小区动物亚群没有发生非洲猪瘟疫情。

◆ 怎么做?

基于风险评估，很可能为确定相关风险路径的主要步骤来实施几项监测。监测目标是首先证明无疫小区没有非洲猪瘟病毒，其次，如果非洲猪瘟病毒确实传入无疫小区，可以充分迅速地检出，从而确保非洲猪瘟病毒感染或污染的物料离开无疫小区的可能性不高于既定的可接受风险水平。为实现快速检出和证明没有非洲猪瘟疫病毒，可能需要结合以下几项监测：

→基于符合非洲猪瘟病毒感染的临床症状的临床监测；

→监测输入物（如饲料、兽医用品、垫料）；

→基于生产数据的症状监测；

→基于生猪死亡数据的症状监测；

→针对风险路径主要步骤的目标监测（例如在规定的时间间隔，检测育成猪的非洲猪瘟病毒状况）；

→屠宰场监测，包括宰前监测、宰后监测（如在屠宰场，屠宰前对猪进行临床监测，可能包括对猪胴体开展的定向非洲猪瘟病毒诊断检测）。

◆ 预期成果

非洲猪瘟无疫小区实施内部监测，能够检出非洲猪瘟病毒的存在情况并启动响应措施，从而防止非洲猪瘟病毒感染、污染的物料离开无疫小区，并证明无疫小区没有非洲猪瘟病毒。

---

→附录8和附录9介绍了关于非洲猪瘟无疫小区内部监测的更多指南。

---

#### 1.2.4.2.2.1.4　快速检出

◆ 是什么?

无疫小区内部监测的重要目标之一是快速检出传入无疫小区的非洲猪瘟病毒。其目的是向贸易伙伴充分保证，可快速检出无疫小区内的任何非洲猪瘟病毒，并立即启动响应措施，确保非洲猪瘟病毒感染或污染的物料离开无疫小区的风险不高于既定的可接受风险水平。

◆ 怎么做?

风险路径及其相关风险估算将反映出在哪里可以快速检出传入的非洲猪瘟

病毒。确定无疫小区内部监测计划时，应主要考虑非洲猪瘟病毒的复杂流行病学特征，如出现临床症状前，会有多达2d的无症状排泄，潜伏期最有可能是7d，但最长可达19d[37-41]。考虑到这些特征，兽医主管部门应认真优化每个监测项目和整套系统的敏感性，以便快速检测，向主要利益相关方提供必要的保证[42;43]。主要利益相关方应考虑既定的快速检测监测质量属性以及如何快速（及时）、以何种敏感性检出传入的病毒，使非洲猪瘟病毒感染或污染的物料离开无疫小区的风险不高于既定的可接受风险水平。

◆ **预期成果**

如果生物安全管理制度出现错误，必须根据内部监测计划尽快地检出传入的非洲猪瘟病毒，即必须能够检出无疫小区相关生产单元或子单元内的所有非洲猪瘟病毒，以使兽医主管部门采取紧急措施。必须根据相关利益相关方的要求和既定的非洲猪瘟病毒可接受风险水平，立即采取应急计划规定的措施，防止非洲猪瘟病毒感染或污染的物料离开无疫小区。

**1.2.4.2.2.1.5　无感染**

◆ **是什么?**

为证明无疫小区的非洲猪瘟无疫状况，非洲猪瘟无疫小区内部监测应符合《陆生动物卫生法典》第1.4.6条、第15.1.3条和第15.1.5条规定的通用标准。

◆ **怎么做?**

为证明无疫小区的非洲猪瘟无疫状况，无疫小区建设者应根据《陆生动物卫生法典》第1.4章动物卫生监测和专门描述非洲猪瘟的第15.1章关于非洲猪瘟病毒感染的有关要求，制定非洲猪瘟内部监测计划，确保无疫小区没有感染非洲猪瘟病毒。为实现这一目标，至少应在实施非洲猪瘟专项监测期间具备以下三个前提条件，包括[31]：

→非洲猪瘟是这个国家或区域的须通报动物疫病；

→当前对猪科动物实施了《陆生动物卫生法典》第1.4.5条规定的早期预警系统；

→以及，当前采取了防止非洲猪瘟病毒传入的措施。

非洲猪瘟无疫状况意味着无疫小区内的动物亚群没有感染非洲猪瘟病毒。内部监测计划应依照《陆生动物卫生法典》的标准，在主要利益相关方同意的置信度水平上证明无疫小区没有感染非洲猪瘟病毒。这种解释意味着，如果存在非洲猪瘟病毒感染，感染低于动物亚群中特定比例的感染[31]。

无疫小区建设者需要与兽医主管部门和贸易伙伴等主要利益相关方确定符合要求的监测质量属性，包括为此目的开展内部监测计划的敏感性和代表性。

→附录8介绍了关于非洲猪瘟无疫小区内部监测的更多指导资料。

为实现无疫状况，无疫小区建设者必须与主要利益相关方（包括兽医主管部门和贸易伙伴）就所要求的监测质量属性水平（包括敏感性和代表性）达成一致。

### ◆ 预期成果

无疫小区内部监测计划应能证明无疫小区没有感染非洲猪瘟病毒，且维持了确定的置信水平，并假定非洲猪瘟病毒流行率，这已与主要利益相关方协商一致，包括贸易伙伴（若有）。

#### 1.2.4.2.2.1.6 外部监测

### ◆ 是什么？

无疫小区各生产单元或子单元所在的国家或区域应建立非洲猪瘟监测系统。兽医主管部门应根据国家非洲猪瘟监测计划的监测项目和质量属性来制定外部监测计划。根据实际情况，国家非洲猪瘟监测计划也可能是无疫小区外部监测计划的一部分。

国家非洲猪瘟监测计划通常是无疫小区外部监测计划的一部分（如果不是全部），根据外部监测计划，应能够发现无疫小区外部那些可能导致非洲猪瘟风险估算高于既定的可接受水平的流行病学变化。

如果无疫小区的流行病学环境需要开展外部监测，而兽医主管部门或其他利益相关方尚未开展相关监测（例如对软蜱的非洲猪瘟监测），应考虑无疫小区实施此类监测可能产生的额外费用，并适当地明确记录各自的角色和责任。

### ◆ 怎么做？

对于外部监测，最有效的监测方法可能是以《陆生动物卫生法典》第1.4章动物卫生监测的建议为依据，根据风险因素评估实施基于风险的监测。无疫小区外部监测计划应针对可能影响风险评估中识别的、输入无疫小区的非洲猪瘟病毒的风险路径相关风险的流行病学单元，这可能是指与无疫小区生产单元或子单元有着密切流行病学关系的各单元[8]。

无疫小区所在国家或区域的非洲猪瘟状况会影响到对外部监测计划的选择。非洲猪瘟病毒传入无疫小区的不同风险路径的结构以及实施风险评估各步骤相关的风险估算应能说明具体监测计划的目的。

举例来说，对于非洲猪瘟无疫国或无疫区内的无疫小区，国家非洲猪瘟监测计划通常依赖农民报告和边境检查监测，虽然该计划会随着无疫小区外部非洲猪瘟实际流行病学状况的变化而变化。在这种情况下，根据《陆生动物卫生法典》第 15.1.32 条的规定，无疫小区非洲猪瘟外部监测计划锁定无疫小区各组成单元周围的野猪或未驯化的猪以及散养户。

为快速检出传入国家的非洲猪瘟病毒，根据风险评估结果和出于经济方面的考虑，如果认为有必要，可以检查病猪或死猪感染非洲猪瘟病毒的情况[29]。无疫小区位于非洲猪瘟无疫国或无疫区之外的，可能需要根据风险评估的结果，另行实施外部监测。为确定适当的其他监测目标，应考虑与风险路径相关的所有关联风险因素，比如，野猪或未驯化的猪群、野外自由放养的家猪、软蜱、无疫小区外部养猪场中的非洲猪瘟病毒。举例来说，根据风险评估结果，对有较高非洲猪瘟病毒感染风险的生猪进行临床观察和开展其他监测项目，如对非洲猪瘟无疫国或无疫区附近的猪进行监测。

无疫小区建设者应根据相关 WOAH 标准开展外部监测，并接受兽医主管部门的监督。无疫小区建设者事先与贸易伙伴就国家非洲猪瘟监测计划必需的质量属性达成协议，也有助于实施外部监测。

◆ **预期成果**

无疫小区建设者应将无疫小区外部监测作为国家非洲猪瘟监测计划的一部分或补充监测项目，并加以落实实施。相关敏感性、代表性和及时性等质量属性能够识别出与无疫小区风险路径相关的无疫小区外部非洲猪瘟病毒风险的变化。随后使用这一信息检查这一变化是否改变了风险路径的不同风险估算，并最终改变无疫小区的总体风险估算。

#### 1.2.4.2.3 生猪和猪肉产品的标识和追溯系统以及无疫小区的相关输入物

◆ **是什么？**

对于生猪和猪肉产品以及无疫小区相关输入物的标识和追溯，应建立一套独特且稳定的系统沿无疫小区整个供应链进行追踪和追溯。这就能够通过供应链的各阶段向前或向后追溯生猪和猪肉产品进出无疫小区或在无疫小区内部的情况。这是保证无疫小区完整性的关键因素。如果发现非洲猪瘟病毒入侵，就能够快速、有效地识别并弥补生物安全管理系统的漏洞。不管无疫小区采用怎样特定的动物标识和追溯系统，都应该符合 WOAH《陆生动物卫生法典》第 4.2 章、第 4.3 章、第 4.5.3 条关于追溯系统的规定，以及第 5.10 章到 5.12 章关于出口动物和动物产品的规定。

可追溯性对有效进行生物安全管理是非常重要的。生猪和猪肉产品可追溯性管理也向利益相关方保证了这些产品来自无疫小区，确保没有非洲猪瘟病毒。此外，追溯系统可以在非洲猪瘟侵入的情况下，迅速有效地召回相关猪产品[1;8;27]。无疫小区所在国家或区域也应该对与无疫小区无关的生猪和猪肉产品实施追溯管理。

◆ **怎么做？**

兽医主管部门应负责生猪和猪肉产品的追溯管理（包括动物标识）[44]。此外，输入无疫小区的相关物料，如饲料，应具备可追溯性。国家非洲猪瘟无疫小区建设计划应详细规定动物标识和追溯系统在国家或区域的实施和落实情况。在无疫小区实施动物标识和追溯系统是无疫小区获得认证的必不可少的前提条件。因此，兽医主管部门应确保非洲猪瘟无疫小区落实有效的动物标识和追溯系统，根据生产、标识和登记类型，可以在动物群体或动物个体中实施。如果是在群体中实施，则必须提供可靠的证据，证明不会影响向前或向后追踪个体猪或猪产品的可靠性。

标识和追溯系统应包含以下要素[3]：

→描述个体或群体的标识方法。适用群体而不适用个体的，标识系统应确保能够对群体中的动物进行可靠追溯，且应通过兽医主管部门的批准和验证；

→记录应至少包括生猪的批次标识、原产地、生猪和相关商品的运输情况；

→追溯系统的审核机制，包括审核频次和相关程序，比如，审核结果的报告和所采取的纠正措施。

◆ **预期成果**

非洲猪瘟无疫小区的所在国家或区域已经落实生猪和猪肉产品标识和追溯系统。无疫小区采用的标识和追溯系统考虑到了 WOAH 和食品法典委员会的有关标准，以及贸易伙伴的要求，能够充分追溯生猪和猪产品供应链的所有相关步骤[44]。

## 1.3 实施

在无疫小区建设的过程中，需要私营部门、官方管理部门和相关第三方的共同努力。《陆生动物卫生法典》第 4.4 章无疫区建设和无疫小区建设以及第 4.5 章无疫小区建设的应用规定了无疫小区建设过程的一般注意事项[2]。启动无疫小区时，应遵循这些事项以及《陆生动物卫生法典》的其他相关章节。本节详细描述了主要过程，并概述了实施无疫小区建设相关步骤的顺序，见附录2流程图。

### 1.3.1 角色和责任

《陆生动物卫生法典》第4.5章无疫小区建设的应用和第4.4.2条无疫区建设和无疫小区建设的一般原则中概述了公共部门（兽医主管部门）、私营部门（无疫小区运营方）和相关第三方在开展非洲猪瘟无疫小区建设过程中的角色和责任。

私营部门和第三方主要负责无疫小区的业务运作。同时，公共部门则会关注无疫小区如何通过采取合适的生物安全措施来提升整体动物卫生状况和动物福利，从而确保畜牧业和生猪供应链的可持续发展。公共部门还负责核实、验证无疫小区的完整性。各方齐心协力，在实施无疫小区建设过程中履行各自的职责，就可以建立一个活力十足的无疫小区[45]。

#### 1.3.1.1 兽医主管部门

兽医主管部门必须通过适当的监管框架证明其有充足的财力资源以及有效的职权来开展动物卫生政策相关工作。兽医主管部门应负责制定国家非洲猪瘟无疫小区建设计划，包括但不限于制定相关制度、规定条件，监督相关审计工作，签发国际贸易兽医证书等。必须明确规定兽医主管部门监管此类活动的职责和组织结构，并形成书面文件[46]。

#### 1.3.1.2 出口国（地区）

兽医主管部门在联络方面的主要职责是向WOAH和贸易伙伴通报非洲猪瘟在这个国家、区域或无疫小区的发生情况。为提高透明度、促进国际贸易，兽医主管部门应根据《陆生动物卫生法典》第3.2章兽医机构评估的规定，评估相关兽医机构的效能[47]。此外，需要明确界定伙伴国家的兽医主管部门的角色。出口国（地区）的兽医主管部门应能够向进口国（地区）的兽医主管部门证明其声明无疫小区非洲猪瘟无疫状况的依据。出口国（地区）应能向进口国（地区）提供详细文件，证明已经落实了《陆生动物卫生法典》中关于建立和维护此类无疫小区的建议[1;5;8]。

总之，正如已制定的监管框架所规定，出口国（地区）兽医主管部门的职责包括但不限于：

→验证无疫小区是否根据国家非洲猪瘟无疫小区建设计划的相关标准和要求，采取了有效的控制措施；

→根据无疫小区外部国家或区域的非洲猪瘟流行病学状况，定期审核非洲猪瘟无疫小区生物安全措施的完整性，向进口国（地区）兽医主管部门提供无疫小区通用生物安全管理系统或生物安全计划的有关修订或调整信息；

→证明商品来自经批准的非洲猪瘟无疫小区；

→为促进国际贸易和国内（区域内）贸易，按《陆生动物卫生法典》第5.3.7条的规定，标识和认证经批准的非洲猪瘟无疫小区；

→应进口国（地区）要求，提供《陆生动物卫生法典》第5.1.3条描述的有关资料[18]。

兽医主管部门也可以根据需要，将某些特定职责委派给经认证的第三方，但必须进行适当的监督。

#### 1.3.1.3 进口国（地区）

非洲猪瘟无疫小区应获得贸易伙伴的双边认可。如果已经实施了包括《陆生动物卫生法典》推荐措施在内的合适措施，且出口国（地区）兽医主管部门能够核实和证明相应的无疫小区状况，进口国（地区）兽医主管部门应考虑认可相关无疫小区[1;8;47]。进口国（地区）应按照《陆生动物卫生法典》第5.1.2条的规定来认证有关商品[47]。对于无疫小区的认可，进口国（地区）应根据其监管框架，就是否认可无疫小区且进口其动物和动物产品作出合适的决定。在合理的时间内开展这一过程，具体参照《陆生动物卫生法典》第5.3.7条建立无疫区或无疫小区并获得国家贸易认可的步骤顺序[48]。

#### 1.3.1.4 私营部门

无疫小区建设者是负责无疫小区的私营部门实体。他们应投入足够的资源来建立和维护无疫小区，配合兽医主管部门采取其他相关措施，在经济和食品安全方面造福于社会大众。无疫小区建设者以及其他利益相关的私营部门伙伴最好参与兽医主管部门活动，并与其合作，以协助制定符合《陆生动物卫生法典》规定的国家非洲猪瘟无疫小区建设计划，促进无疫小区的合规性。总体而言，无疫小区建设者应负责：

→在无疫小区内建立适当的设施，例如建筑物和设备，使无疫小区能够符合非洲猪瘟无疫小区的生物安全要求；

→监督和监测无疫小区，使无疫小区符合国家非洲猪瘟无疫小区建设计划的有关规定和要求，确保兽医主管部门可随时快速获得最新信息和文件；

→根据在非洲猪瘟无疫小区内实施的通用生物安全管理制度制定的生物安全计划，开展风险评估、内部疫病监测以及与非洲猪瘟相关的（认为必要的）其他活动；

→定期开展内部审核和外部审核，增强对无疫小区完整性的可靠保证；

→就疑似病例报告和疫病报告以及生物安全和监测措施的任何变更，与兽医主管部门进行密切的、有序的沟通[49]。

#### 1.3.1.5 第三方

第三方也可参与无疫小区完整性的建设和维护[50]。根据无疫小区的定义原则，必须明确无疫小区相关问题涉及的所有关键能力的职业[3]。在这种情况下，第三方可能包括很多专业人员，比如，流行病学家、私人兽医、兽医辅助人员、审核人员、制药公司以及向无疫小区提供其他相关商品或服务的其他企业[8;49]。第三方可根据无疫小区建设者或兽医主管部门的指导直接开展工作，或与其订立合同开展工作。第三方开展的活动应从根本上确保无疫小区的顺利运作，比如为无疫小区的运作提供重要的技术服务，特别是在内部监测、内部审核和外部审核、应急响应计划等方面[8]。

### 1.3.2 公私伙伴关系

无疫小区建设不仅是一种贸易便利措施，也是一种提升生物安全、改善动物卫生、降低疫病暴发概率和影响的工具[50]。尽管建立无疫小区的初衷通常来自私营部门，建立无疫小区所必须做的大部分工作也是无疫小区建设者负责，但兽医主管部门仍然负责认可无疫小区、认证无疫小区内动物亚群的卫生状况[51]。为实现这一更大的目标，鼓励兽医主管部门与私营兽医部门的利益相关方建立公私伙伴关系（PPPs）[50]。

#### 1.3.2.1 合作提高效率

公私伙伴关系将极大地促进无疫小区建设的成功实施。这样的协作可以有效利用兽医领域的有限资源[45]。WOAH成员应确保兽医主管部门和相关私营部门密切合作共同建设无疫小区[50]。之后，无疫小区建设者应与兽医主管部门合作实现无疫小区的预期成果[45]。无疫小区建设者和兽医主管部门在实践中应保持高度的透明度[45]。根据《WOAH公私伙伴关系手册》，兽医主管部门应停止过度指示性的监管，同时要允许私营部门在无疫小区建设伙伴关系的义务范围内灵活地开展运营，但前提是已经考虑到了等效性原则[45]。兽医主管部门最终负责确保无疫小区有效运转，确保基于无疫小区所提供的国家或国际保证都是可靠的。因此，应与私营部门伙伴就监测和评估系统，以及采取补救措施或在必要时撤销无疫小区的认可状况等规定达成一致。

## ▶ 国家经验

### [巴西]

**发展公私伙伴关系以获得贸易伙伴的认可**

在巴西，为平衡实用性和兽医主管部门认证条件，公私合作伙伴关系（PPPs）在制定有关无疫小区登记和运营相关规则方面尤为重要。为获得贸易伙伴的认可，兽医主管部门应确保，即使面对不利的外部流行病学条件，认证条件也应使人们对无疫小区的卫生状况有足够的信心。在这种情况下，公私合作伙伴关系在识别相关疫病传入和传播的所有风险因素以及确定适当的风险管理措施方面特别重要。巴西政府根据基于科学的信任与明确的原则确定了必要的程序，同时仍然对私营部门参与制定无疫小区建设相关“规则”的能力持开放态度。私营部门参与的基本条件是负责收集和整合高质量的信息。此外，还根据具体案例设立了工作组，工作组成员包括公共部门和私营部门的代表以及有意制定无疫小区建立标准和指南的养殖场。

［南非］

**发展公私伙伴关系以制定无疫小区认可标准**

为使贸易伙伴接受无疫小区，兽医主管部门必须确保对无疫小区系统的完整性有信心。这就需要对无疫小区的生物安全和监测进行监督。在南非，兽医主管部门与私营部门合作制定无疫小区认可标准，然后国家主管部门签署并发布官方兽医程序公告使之合法化。专属私人兽医必须定期到访每个无疫小区。省级主管部门负责接收关于继续合规的反馈。省级官员至少每年核查一次各无疫小区，然后向国家主管部门提出登记或重新登记的建议。国家主管部门根据省级官员的建议，认可、登记或重新登记所有无疫小区，对于不符合规定的，则暂停或注销，所有这些都要进行进一步的专项审核。国家主管部门负责进行所有国际贸易谈判。

### 1.3.3 监管制度

WOAH成员应制定国家非洲猪瘟无疫小区建设计划，并配套监管制度，国家或区域之间的监管制度可能有所不同[50]。附录4为国家非洲猪瘟无疫小区建设计划的制定提供了指导，可用于编制非洲猪瘟无疫小区监管制度。对大多数成员来说，这是具体兽医立法授予的权力，或者是私营部门和兽医主管部门之间以谅解备忘录的形式授予的权力，或者根据具体情况决定的其他形式[50]。无论采取什么方法，监管制度都是妥善管理无疫小区建设的前提条件。为鼓励建立公私合作伙伴关系，兽医主管部门必须确保私营部门提供的所有服务都在法定授权和国家法律规定的范围内[45]。最重要的是，兽医主管部门必须确保现行法律制度不会妨碍无疫小区的国内（区域内）功能和国际功能[50]。

根据《陆生动物卫生法典》第3.4.4条兽医立法的起草要求，无疫小区相关兽医立法应包括：

→明确界定权力、权利、责任和义务（即“规范”）；

→应准确、清晰、精准、明确并使用统一的术语；

→只包含必要的、与国家有关的定义；

→不包含矛盾或不必要重复的定义或规定；

→清楚阐明范围和目标；

→规定根据具体情况适用适当的、劝阻性的刑事或行政处罚和制裁；

→若相关，针对依据兽医立法搜集的资料的收集、使用和披露作出规定；

→就主管部门开展所有活动所需的资金作出规定；或者，应根据国家筹资制度划拨适当的资金来支持开展这些活动；

→以及，说明立法何时生效及其对先前类似立法特别是二级立法的影响。

国家非洲猪瘟无疫小区建设的监管制度应能提供采取措施解决与出口程序和兽医认证相关事项的依据[7]。对认证兽医的要求和认证原则，分别见《陆生动物卫生法典》第 5.2.2 条和第 5.2.3 条[52]。

#### ◆ 预期成果

兽医主管部门已经基于科学证据、公私合作伙伴关系、非洲猪瘟相关经验和其他有关因素，制定了国家非洲猪瘟无疫小区建设计划的监管制度。国家非洲猪瘟无疫小区建设计划应包括非洲猪瘟无疫小区的建立和维持相关的各种因素，比如，角色和责任、生物安全标准、实验室诊断程序、正式监管和审核程序。

## ▶ 国家经验

### [泰国]

#### 制定禽流感无疫小区监管制度

2006 年 7 月，泰国畜牧业发展部（DLD）发布了一项关于商业家禽养殖行业实施无疫小区建设的公告，目的是改善所有养殖场的生物安全系统，使其达到相同的标准，并保持这些养殖场的禽流感无疫状况。任何想建立禽流感无疫小区的家禽养殖场，都必须与畜牧业发展部签署谅解备忘录。为此，畜牧业发展部成立了一个委员会，参照 WOAH 有关标准，制定建立和落实禽流感无疫小区的规定。委员会成员包括公共部门和私营部门以及兽医学校的代表。

### 1.3.4 行业伙伴提交无疫小区申请

根据 WOAH 成员关于国家非洲猪瘟无疫小区建设计划的监管制度，无疫小区建设者应向兽医主管部门提交一份全面的无疫小区提案，其中包括无疫小区管理手册和/或其他合适的文件，说明所有相关内容、无疫小区的方方面面，并提供明确证据证明可以有效、一致地实施为此无疫小区确定的风险评估、生物安全、监测、追溯和管理等措施[8;27]。正如这些指南所规定的，申请中应包含足够的信息，详细描述说明无疫小区。

→无疫小区建设者应参考附录10编制非洲猪瘟无疫小区实施手册。

### 1.3.5 无疫小区的批准

#### ◆ 是什么？

为获得正式认可，非洲猪瘟无疫小区建设提案必须满足国家非洲猪瘟无疫小区建设计划的要求，且必须通过合适的审核来验证申请无疫小区是否符合生物安全和管理的要求。本节重点介绍根据无疫小区所在国家或区域的非洲猪瘟无疫状况，审核和认可非洲猪瘟无疫小区的标准。

#### ◆ 怎么做？

兽医主管部门应根据具体情况对申请无疫小区开展文件审核和现场审核，并以此来确定无疫小区是否完全符合国家非洲猪瘟无疫小区建设计划的要求[5;8;27]。为评估申请无疫小区的首次登记情况，兽医主管部门应委派经认证的审核人员进行全面的审核，并评估无疫小区的所有单元，这些审核人员应来自兽医主管部门或其他独立的第三方。

→附录6列出了可供参考的评估标准。只有申请无疫小区的所有单元都通过了审核，兽医主管部门才正式批准申请无疫小区为非洲猪瘟无疫小区。

兽医主管部门负责最终审核工作。兽医主管部门本身不开展此等审核的，应有恰当的机制来监督独立第三方的审核过程。批准了提交的申请文件后，兽医主管部门委派经认证的审核人员根据具体情况对申请无疫小区开展初步现场审核。对于初始登记的，申请无疫小区的所有单元都应接受审核，包括但不限于评估关键控制点和无疫小区适用的标准操作程序、核实无疫小区内动物亚群的卫生状况、审核风险评估实施、检查无疫小区所有单元的整体生物安全管理和监测系统。

→附录7列出了审核范例，以供参考。

为获得认证，第三方审核人员应满足以下要求：

→参加并顺利完成经认可的无疫小区审核人员培训课程，并定期重新确保其具备这种审核能力；

→具备资格的审核人员应在兽医主管部门处登记并正式认证为认证审核人员。为规范各审核人员的审核标准，兽医主管部门或合适的第三方可以为储备审核人员提供入职培训，以使他们能够准确、一致地进行审核。该计划包括模拟审核和文件审核。为此，还可为储备审核人员提供官方审核工具，如检查表[53]；

→不得与无疫小区有关各方或无疫小区认证申请方有任何利益冲突。

审核不应是一劳永逸的。经认可的无疫小区应定期接受内部审核和外部审核，以确保自己可以持续维持符合要求的卫生状况，具体如下：

在非洲猪瘟无疫国或无疫区可以建立非洲猪瘟无疫小区，在非洲猪瘟非无疫国或非无疫区也可以建立非洲猪瘟无疫小区。

对于在非洲猪瘟非无疫国或无疫区建立非洲猪瘟无疫小区的，申请无疫小区应首先向兽医主管部门申请初始登记，并经过一段资格审核期来证明无疫/无感染的状况。按本节前文所述，兽医主管部门或其监督下的合适第三方应开展全面审核，根据具体情况对无疫小区进行文件审核和初始评估，审核结果令人满意且符合其他有关规定的情况下，批准申请无疫小区的生物安全措施和管理规定。考虑到申请无疫小区所在地不是非洲猪瘟无疫区，通常需要加强生物安全和监测措施。

一旦批准了无疫小区建设提案、申请无疫小区的实施手册、生物安全和管理措施，以及其他有关要求后，兽医主管部门应确定非洲猪瘟无疫资格审核期的生效日期，以正式开展相关工作。在任何情况下，资格审核期都应持续足够长的时间，以最大程度确保无疫小区符合非洲猪瘟无疫的各项要求。随后，此等确保程度则成为贸易伙伴之间认可无疫小区的依据。资格审核期间，兽医主管部门专责认证兽医应不间断地进行兽医监督，并根据无疫小区所在地国家或区域的非洲猪瘟流行病学状况、无疫小区的相应风险评估，开展专门针对非洲猪瘟的监测活动。资格审核期间，无疫小区建设者可以将生猪、胚胎和其他遗传物质运往申请无疫小区，但须遵守《陆生动物卫生法典》第15.1.8条到第15.1.13条的规定。申请无疫小区的生猪应经过完整的资格审核期，这最好在国家非洲猪瘟无疫小区建设计划中进行规定，以证实生猪是源自经正式批准的非洲猪瘟无疫小区。资格审核期结束时，兽医主管部门应再次审核申请无疫小区，并检查兽医监管记录和文件，以了解生物安全合规情况、非洲猪瘟专项监测活动和结果以及其他有关要求。审核结果符合要求的，且在考虑到其他有关条件的前提下，兽医主管部门应证明申请无疫小区为官方认可的非洲猪瘟无疫小区[32;45]。

→图2流程图总结了这一流程，图中实线方框表示在非洲猪瘟无疫国或无疫区之外实施和批准非洲猪瘟无疫小区的步骤。

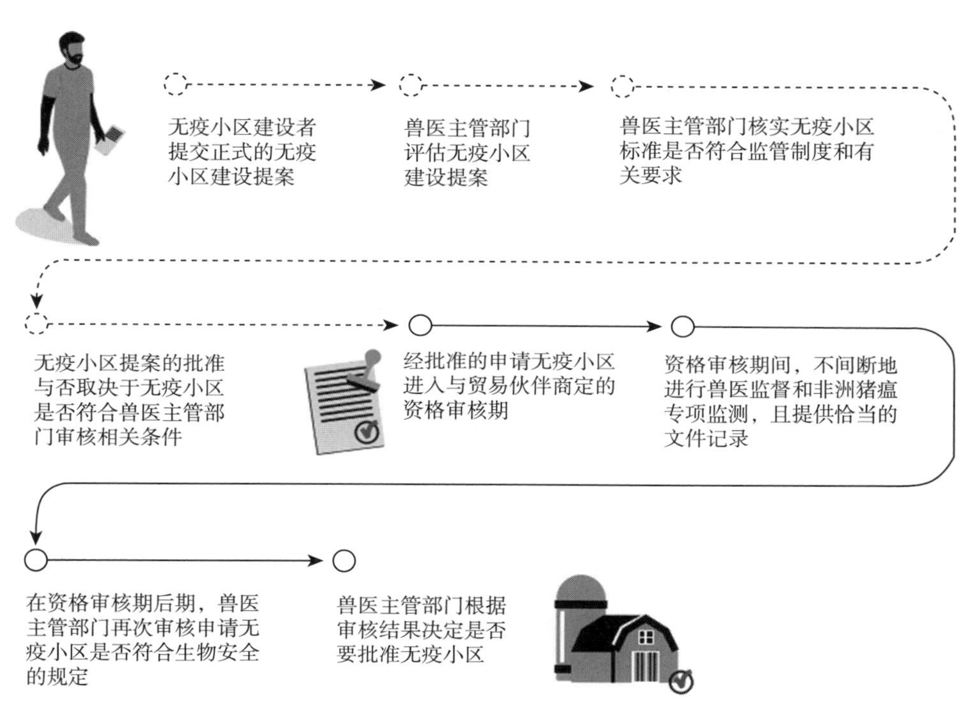


图2 非洲猪瘟无疫国或无疫区之外批准和建立非洲猪瘟无疫小区的流程

### ◆ 预期成果

申请非洲猪瘟无疫小区符合国家非洲猪瘟无疫小区建设计划的生物安全和管理标准，并确保在兽医主管部门的监督下，由经认证的审核人员开展全面审核。

## ▶ 国家经验

### [巴西]

#### 使用第三方审核人员

由于无疫小区建设会给建设者带来好处，登记申请的无疫小区数量可能超出兽医主管部门的服务能力。针对这一问题，巴西政府启用第三方机构认证，并将第三方认证作为在国内（区域内）认可和维持禽流感无疫小区和新城疫无疫小区的前提条件。应在无疫小区登记过程中与第三方机构建立健全合作机制，但这可能具有一定的操作难度。为开展认证，政府必须确保无疫小区有提交登记的申请书，且该申请书由兽医主管部门审核。

## 1.3.6 无疫小区批准信息的公布

### ◆ 是什么？

为促进经批准的非洲猪瘟无疫小区的生猪和有关产品的国际贸易，出口国（地区）的兽医主管部门负责向贸易伙伴和其他利益相关方保证该无疫小区有关信息的透明度。

### ◆ 怎么做？

出口国（地区）兽医主管部门应公布经批准非洲猪瘟无疫小区相关的信息，并随时经公共渠道提供给贸易伙伴和其他利益相关方，如兽医主管部门的官方网站、官方刊物、信息栏或出版资料[54]。

成员如希望在 WOAH 网站公布其非洲猪瘟无疫小区自我声明，应按照《陆生动物卫生法典》规定向 WOAH 提交相关书面证据。应根据 WOAH 自我声明标准操作程序发表无疫状况自我声明。

→关于这些自我声明标准程序和 WOAH 成员无疫状况自我声明的示例，可点击以下链接查看：https：//www.oie.int/animal-health-in-the-world/self-declared-disease-status/[55]。

### ◆ 预期成果

出口国（地区）兽医主管部门通过官方和公共渠道公布经批准无疫小区的有关信息，从而保持了信息的透明度。

## 1.3.7 贸易伙伴对无疫小区的认可

### ◆ 是什么？

为建立经批准的非洲猪瘟无疫小区与其贸易伙伴之间的贸易关系，出口国（地区）或进口国（地区）的兽医主管部门应启动无疫小区认可程序，并妥善确保无疫小区的动物疫病卫生状况。之后，出口国（地区）和进口国（地区）的兽医主管部门可以进行协商，以期促成进口国（地区）兽医主管部门对无疫小区的认可。

## ◆ 怎么做？

政府与政府之间的谈判在非洲猪瘟无疫小区认可过程中起着至关重要的作用。出口国（地区）或进口国（地区）的兽医主管部门应启动谈判程序，鼓励出口国（地区）和进口国（地区）的兽医主管部门就具体的非洲猪瘟无疫小区达成双边协议[27;50]。为达成双边协议，指定的非洲猪瘟无疫小区应获得出口国（地区）兽医主管部门的正式批准，且应符合或以其他方式商定进口国（地区）兽医主管部门规定的进口卫生规则[1;27]。或者，也可把国家非洲猪瘟无疫小区建设计划作为一个整体来进行政府间谈判。

出口国（地区）兽医主管部门应主动地或根据进口国（地区）的要求提交相关文件，向进口国（地区）兽医主管部门提供必要的信息来启动无疫小区认可流程。进口国（地区）兽医主管部门可以根据提交的文件来进行初始评估。后续可能需要提供更多信息，例如通过调查问卷来收集信息，之后与出口国（地区）兽医主管部门合作，对相关非洲猪瘟无疫小区以及实验室等有关设施进行实地考察，以在必要时进行验证[54;56]。进口国（地区）兽医主管部门应科学评估无疫小区。信息透明度对于成功认可无疫小区是至关重要的，贸易伙伴间应始终坦诚地交流有关信息来推动无疫小区的认可流程。

为成功认可无疫小区，贸易伙伴间的互相信任和一致意见是至关重要的，在此过程中，不需要遵循具体步骤顺序。关于确定卫生措施等效性、建立无疫小区并获得国际贸易认可，分别在《陆生动物卫生法典》第 5.3.6 条和第 5.3.7 条提出了建议，以供贸易伙伴参考。因此，非洲猪瘟疫情暴发之前，鼓励进口国（地区）和出口国（地区）的兽医主管部门达成正式的双边贸易协议，认可指定的非洲猪瘟无疫小区或整个国家非洲猪瘟无疫小区建设计划。此外，如果非洲猪瘟最终传入无疫小区所在国家或区域，则应在上述协议中考虑将要采取的应对措施[50]。为证明技术能力、独立性、透明度和其他重要因素，并借助这些因素增加贸易伙伴对自己的信任，出口国（地区）兽医主管部门可允许进口国（地区）兽医主管部门在必要时对其兽医机构进行正式评估，正如《陆生动物卫生法典》第 3.1.3 条所述。或者，WOAH 成员可以考虑使用 WOAH 兽医体系效能评估工具（WOAH PVS Tool），要求对兽医主管部门的能力开展正式的独立评估[50;57]。如果无疫小区没有通过认可，则按照《陆生动物卫生法典》第 5.3.8 条 WOAH 非正式争端调解程序，促进成员在贸易争端中的互相理解，解决他们之间的分歧[2]。

## ◆ 预期成果

为促进贸易，出口国（地区）和进口国（地区）的兽医主管部门就特定非洲猪瘟无疫小区或整体国家非洲猪瘟无疫小区建设计划的认可，达成了双边协议。

→附录 14 提供了成员关于贸易伙伴间认可无疫小区的一些经验以及案例研究，以供参考。

### 1.3.8　无疫小区的维护

#### ◆ 是什么？

一旦正式建立和批准了非洲猪瘟无疫小区，无疫小区建设者应与兽医主管部门密切合作维护无疫小区。无疫小区建设者必须确保无疫小区各生产单元具备有效的生物安全、监测和追溯系统，以及其他相关条件，以实现与利益相关方商定的控制非洲猪瘟发生和传播风险的具体目标。

#### ◆ 怎么做？

非洲猪瘟无疫小区的管理实践过程中，应接受适当的监督和审核。非洲猪瘟无疫小区应切实实施基于第 3.3.3.2 条所述原则的监测系统，以保证其非洲猪瘟无疫状况，且能够快速检出传入的非洲猪瘟病毒。应确保所有监测结果的时效性和便利性。非洲猪瘟无疫小区应根据《陆生动物卫生法典》第 4.5.4 条无疫小区文件的规定妥善保存各生产单元的文件[9]。

为确保无疫小区的完整性，无疫小区建设者应制定标准操作程序（SOP）文件，并申请批准，以辅助实施符合规定的监测计划（CMP），还应记录工作人员标准操作程序培训情况。无疫小区建设者应定期审核非洲猪瘟无疫小区的生物安全管理和操作、疫病监测、追溯系统、应急响应预备情况等的合规情况。此外，兽医主管部门应与无疫小区建设者协商，最好是与贸易伙伴达成协议，设定合理的频次来重新评估无疫小区的完整性，评估中要考虑到具体国家或区域的流行病学状况和其他有关因素。

兽医主管部门应根据重新评估的频次，委派经认证的审核人员开展正式的外部审核，以保证无疫小区的完整性，并在审核结果令人满意的前提下，对非洲猪瘟无疫小区进行重新认证。对于无疫小区的维护，在每次审核时可以不必全面审核无疫小区所有生产单元，但最好制定一份审核计划时间表，以确保在特定期限内可以审核完整个体系。兽医主管部门应负责确定无疫小区需接受审核的生产单元的比例。审核过程可以包括文件审核和现场审核，包括但不限于评估关键控制点，标准操作程序合规情况，验证动物亚群的疫病状况，检查非洲猪瘟无疫小区必要生产单元的生物安全、监测和追溯系统的情况[9]。

---

→附录7列出了审核流程示例，以供参考。

---

如果审核中发现经批准的非洲猪瘟无疫小区有不合规的情况，审核人员应根据不合规的严重程度（例如重大或轻微），在审核报告中明确记录有关问题。无疫小区建设者不必对所有审核结果都进行回应或采取纠正措施，但应对审核报告中列出的所有不合规项进行回应和/或整改，且应在审核人员规定的且认为恰当的期限内完成整改活动。

根据不合规的严重程度，无疫小区可自动暂停无疫状况（由于不合规情况的严重性），或规定与不合规风险成比例的期限来进行整改。审核人员在特定期限到期后，可以再次审核该非洲猪瘟无疫小区，或通过其认为可接受的方式，验证有关问题是否已经得到整改。无疫小区建设者在指定的期限内未能纠正问题的，出口国（地区）兽医主管部门应暂停该非洲猪瘟无疫小区的认证，及时通知贸易伙伴，并公布这一暂停信息[53]。非洲猪瘟无疫小区应完成整改且通过后续审核，以及符合兽医主管部门根据实际情况认为合适的其他要求（例如不合规类型及相应严重程度），才可以进行重新认证。

### ◆ 预期成果

经批准的非洲猪瘟无疫小区应严格遵守国家非洲猪瘟无疫小区建设计划，并保存文件记录。定期开展内部审核和外部审核、处理不合规并采取纠正措施，以验证无疫小区的合规情况从而确保无疫小区的非洲猪瘟卫生状况，并保证无疫小区内部的生猪和相关产品确实没有感染非洲猪瘟病毒，可以安全地进行贸易。

## ▶ 国家经验

### [泰国]

#### 禽流感无疫小区的批准和维护

泰国畜牧业发展部（DLD）批准了申请禽流感无疫小区的生物安全管理制度和追溯系统，该无疫小区开展了为期一年的禽流感监测，结果均为阴性，因此，获得了畜牧业发展部的认证。认证有效期为3年。在这3年期间，畜牧业发展部审核小组应使用无疫小区各类专用检查表，每年至少对无疫小区进行一次审核，以确保其符合无疫小区建设的要求。如果发现任何不合规情况，无疫小区建设者必须在规定的时限内整改。否则，畜牧业发展部可能会暂停或撤销无疫小区的认证。如要变更无疫小区的认证，无疫小区建设者必须在有效期届满之日至少提前 3 个月向畜牧业发展部提出申请。

［加拿大］

**鲑无疫小区的批准和维护**

在加拿大，申请鲑种质无疫小区必须提交生物安全计划，兽医主管部门应现场验证生物安全计划的实施情况。无疫小区通过官方认证后，应每年进行检查，以确保维持生物安全水平。在每次取样监测时，还应进行更深入的审查。加拿大食品检验局（CFIA）负责进行流行病学评估，以确定对无疫小区的检查和监测频率，并维持无疫小区的动物疫病卫生状况。加拿大食品检验局向各无疫小区都委派了一名兽医检查员，使其负责审查生物安全计划。使用标准检查表和其他文件来记录无疫小区信息，并在全国范围内统一实施标准和检验程序。加拿大食品检验局还制定了决策记录，列出了对各无疫小区的监测和检查频率，以提高透明度并保存记录。在无疫小区记录认证信函中也体现了这些原则。加拿大食品检验局网站公布了所有无疫小区的疫病状况。

## 1.3.9 应对无疫小区外部非洲猪瘟卫生状况的变化

◆ 是什么?

鉴于非洲猪瘟对猪肉生产造成的重大经济影响，非洲猪瘟无疫小区建设的最终目标是：如果非洲猪瘟病毒传入无疫小区所在的原非洲猪瘟无疫国或无疫区，无疫小区建设者能够保持业务连续性。原则上，经批准的非洲猪瘟无疫小区实施的生物安全管理制度，应能够维持无疫小区动物亚群和有关产品的非洲猪瘟无疫状况，且不受无疫小区外部非洲猪瘟状况的影响。因此，如果无疫小区所在的国家或区域传入非洲猪瘟病毒或发生非洲猪瘟流行病学变化，无疫小区能够把“停产时间”降到最低。因此，如果在无疫小区外部发生非洲猪瘟疫情，可以继续维持无疫小区产品的国际贸易不中断，或即使中断，程度也十分有限。

◆ 怎么做?

非洲猪瘟无疫小区实施了有效的生物安全和管理措施，且符合规定的水平，足以抵御外来疫病的入侵风险、防止非洲猪瘟的传入。因此，如果非洲猪瘟无疫小区外部非洲猪瘟状况发生变化，则不必全面评估无疫小区，但因为无疫小区外部的非洲猪瘟病毒风险是风险评估的影响因素之一，可能需要开展新的风险评估。

因此，进口国（地区）兽医主管部门应根据出口国（地区）兽医主管部门是否需向其保证继续维持非洲猪瘟无疫小区完整性，决定是否开展相应的后续措施。双方应在双边协议中概述此类措施，并在无疫小区认证过程中进行讨论。此类措施应证明无疫小区的非洲猪瘟暴发风险仍然处在可接受的水平，且符合非洲猪瘟无疫状况的要求。国家非洲猪瘟无疫小区建设计划应详细描述这些措施，如审核无疫小区以及强化内部监测和外部监测。国家应急计划应包括非洲猪瘟病毒侵入无疫小区所在国家或区域时，非洲猪瘟无疫小区应采取的相应管理措施，以确保继续实施后续措施。

为维持双方对确保无疫小区疫病卫生状况的互相信任，贸易伙伴之间应就疫病的发生及时沟通并保持信息透明，并及时对疫情开展流行病学调查。无疫小区建设者应认识到无疫小区外部非洲猪瘟流行病学变化可能已经影响到了风险评估中考虑到的风险路径，并为此做好准备。根据兽医主管部门验证的流行病学调查结果和相应风险评估结果，非洲猪瘟无疫小区可能需要加强生物安全措施和监测系统，并因此产生相关经费。

为准备应对无疫小区外部非洲猪瘟状况的变化，无疫小区建设者应定期进行应急计划演练，并将之纳入无疫小区生物安全管理制度。

◆ **预期成果**

出口国（地区）兽医主管部门根据具体情况提供必要保证且贸易伙伴同意的情况下，可继续进行非洲猪瘟无疫小区生猪或有关产品的国际贸易，最大程度地减少中断时间。

## 1.3.10 应对无疫小区非洲猪瘟状况的变化

◆ **是什么？**

本节重点介绍了无疫小区非洲猪瘟卫生状况发生变化时应采取的措施。为控制病毒在无疫小区内外传播的潜在风险，无疫小区建设者应快速有效地实施这些措施。鉴于对贸易的后续影响，出口国（地区）兽医机构应在国家非洲猪瘟无疫小区建设计划中描述这些应对措施，且与贸易伙伴进行协商规划，并在双边协议中约定。

◆ **怎么做？**

如果怀疑在经批准的非洲猪瘟无疫小区中存在非洲猪瘟病例，应立即暂停对无疫小区的认证，直到兽医主管部门或其监督下的其他相关方通过适当的流行病学调查和诊断调查，排除非洲猪瘟发生的可能性。如果确认无疫小区发生非洲猪瘟疫情，应撤销该无疫小区的非洲猪瘟无疫状况认证，并尽快地通知WOAH和贸易伙伴，公布撤销情况[5;8]。

暂停或撤销非洲猪瘟无疫小区官方认证后，兽医主管部门应停止对该无疫小区相关产品的认证，并启动适当的召回措施，召回从该无疫小区输出的、可能传播疫病的产品[49]。兽医主管部门可在暂停或撤销的公开信息中说明发病情况，比如，确定发病日期、受影响的动物亚群、检出非洲猪瘟病毒的样品、检测方法等，应将这些信息列入国家非洲猪瘟无疫小区建设计划中。

如果无疫小区非洲猪瘟状况发生变化，出口国（地区）兽医主管部门应及时告知进口国（地区）兽医主管部门其针对该变化采取的必要应对措施，最好向所有相关贸易伙伴和利益相关方公布这些措施。兽医主管部门应在认证无疫小区的过程中详细讨论相关应对措施，比如，非洲猪瘟无疫小区状况的暂停或撤销、进口限令、控制住疫情后的解除限制措施等，进口国（地区）和出口国（地区）应在非洲猪瘟无疫小区认证相关双边协议中明确规定这些具体措施。出口国（地区）兽医机构还应将这些措施列入国家非洲猪瘟无疫小区建设计划和/或国家应急计划中，以确保在疫病传入时可以有效实施相应措施[54]。

## 1.3.11　无疫小区非洲猪瘟无疫状况的恢复

### ◆ 是什么?

根据《陆生动物卫生法典》第4.5.7条应急响应和通报的要求，已被撤销非洲猪瘟无疫状况的无疫小区只有采取了必要措施来重新恢复无疫状况，且经兽医主管部门重新批准，才可重新恢复非洲猪瘟无疫状况。因此，无疫小区无疫状况的恢复期取决于兽医主管部门调查确定潜在病原和/或生物安全体系漏洞、根除疫病感染而采取生物安全措施、监测证明无疫、采取整改措施以向利益相关方提供保证、恢复原有状况等所需的时间。只有贸易伙伴同意接受重新批准的非洲猪瘟无疫小区，才可以恢复贸易。

### ◆ 预期成果

如果非洲猪瘟病毒侵入无疫小区，兽医主管部门应立即撤销其非洲猪瘟无疫状况，并采取适当的措施快速检测非洲猪瘟病毒，有效地降低非洲猪瘟病毒在无疫小区内部传播的潜在风险。只有证实无疫小区中的非洲猪瘟无疫状况，兽医主管部门才可以重新批准其为非洲猪瘟无疫小区。

CHAPTER 2

# 2 附录和工具

## 2.1 附录1 无疫小区建设概念图解说明

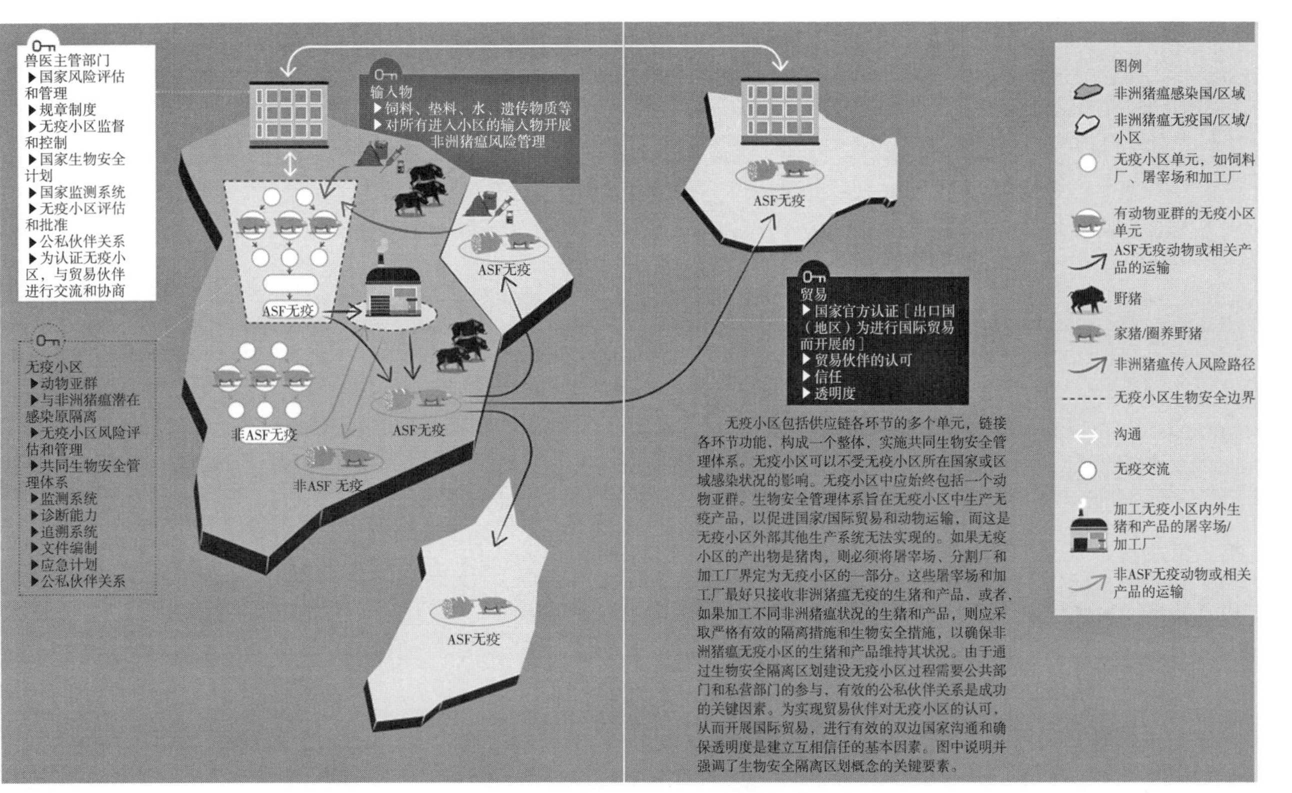


图3 无疫小区建设概念图解说明

## 2.2 附录2 无疫小区建设流程

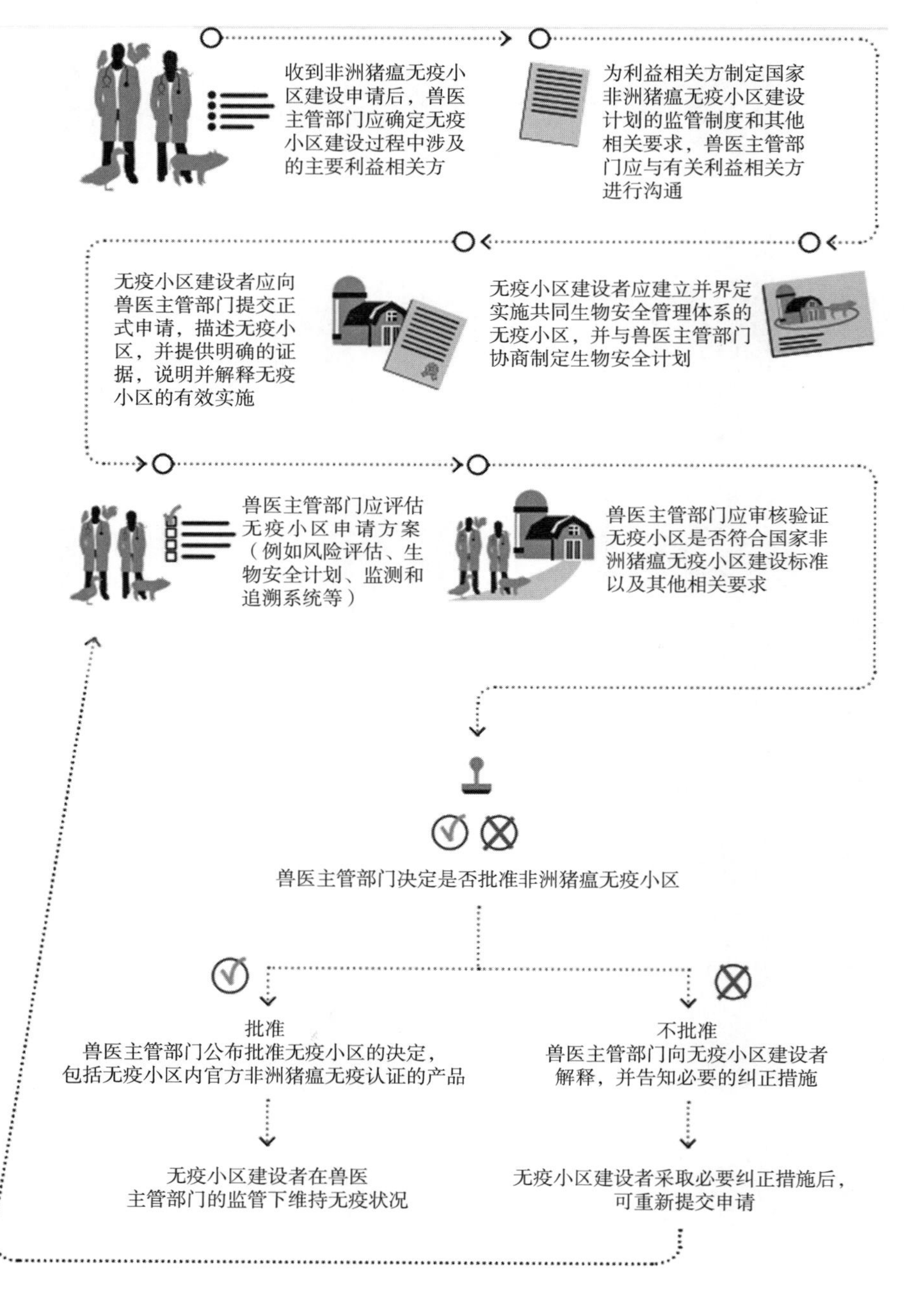


图4 国家（地区）无疫小区建设流程［出口国（地区）］

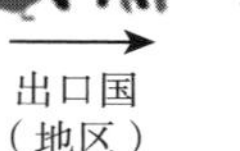

出口国（地区）　进口国（地区）

出口国（地区）或进口国（地区）兽医主管部门就特定非洲猪瘟无疫小区的认可或国家非洲猪瘟无疫小区建设计划等启动联络工作

出口国（地区）

出口国（地区）兽医主管部门向进口国（地区）兽医主管部门提供必要的相关信息，说明并解释特定非洲猪瘟无疫小区或国家非洲猪瘟无疫小区建设计划

进口国（地区）兽医主管部门开展进口风险评估，并在适当情况下要求提供更多资料，例如实验室等有关设施的资料

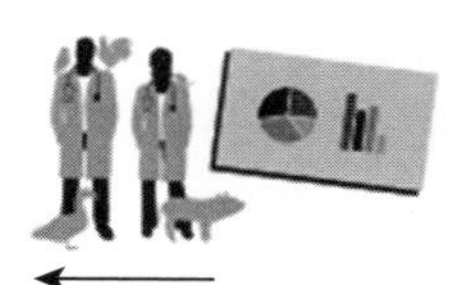

进口国（地区）

出口国（地区）兽医主管部门根据要求，提供更多资料

出口国（地区）

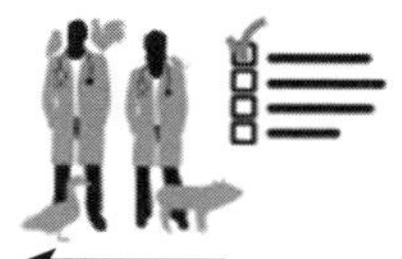

进口国（地区）

进口国（地区）兽医主管部门评估收到的资料（包括相关设施的资料），并在必要时要求进行实地考察和检查

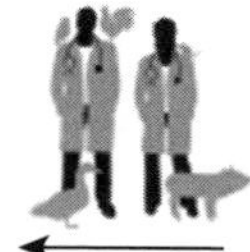

进口国（地区）

进口国（地区）兽医主管部门考虑是否认可指定的非洲猪瘟无疫小区或国家非洲猪瘟生物无疫小区建设计划

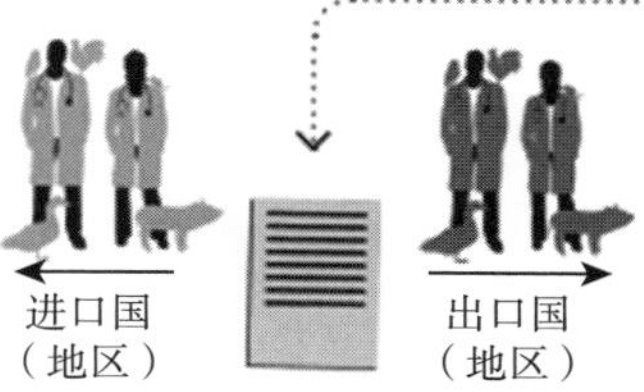

进口国（地区）　出口国（地区）

进口国（地区）兽医主管部门在合理期限内，将其有关决定和原因通知出口国（地区）兽医主管部门

认可无疫小区
出口国（地区）和进口国（地区）兽医主管部门签署有关无疫小区认可具体细节的双边协议

不认可无疫小区
WOAH成员间的分歧可通过《陆生动物卫生法典》第5.3.8条所述的非正式纠纷调解程序解决

图5　国际无疫小区建设流程［出口国（地区）与进口国（地区）之间］

## 2.3 附录3 非洲猪瘟无疫小区风险评估方法

为制定并贯彻非洲猪瘟无疫小区风险管理政策（包括生物安全管理和监测系统），需要进行透明、科学的风险评估。本附录列出了风险评估方法示例，可用于估计非洲猪瘟病毒传入无疫小区的风险。该例子的依据是《陆生动物卫生法典》第2.1章进口风险评估概述的WOAH框架和《世界动物卫生组织手册：进口风险分析》[19;20;58]。它包含风险评估的三部分：传入评估、暴露评估和后果评估。在这个例子中，我们使用了定性方法而不是定量方法，但这两者都可根据利益相关方的偏好来使用。

---

→本附录详细描述了科学风险分析方法，是对《非洲猪瘟无疫小区建设指南》关于风险评估章节的补充。

---

根据《陆生动物卫生法典》第2.1章，本附录为风险评估程序的管理、监管和审计提供了指导。

独立的相关专业人员、无疫小区工作人员、无疫小区建设者以及负责风险管理的主要利益相关方应合作开展无疫小区风险评估。应遵循以下具体步骤对无疫小区进行非洲猪瘟病毒风险评估：

→第一步：识别风险问题；

→第二步：确定风险路径以开展传入评估、暴露评估和后果评估；

→第三步：收集数据；

→第四步：估算风险。

非洲猪瘟无疫小区内外风险环境发生变化时，都需要对风险估算结果进行修订，因此，必须持续对无疫小区进行风险评估。无疫小区建设者定期更新无疫小区风险评估文件时，应体现出这一点，并在任何审核期间都提供该文件。还应认识到风险管理措施的改变将影响风险评估，这意味着风险评估和管理之间存在反馈环节。

还可使用Biocheck. ugent等在线工具对猪场共同生物安全进行评估、指导。本附录不是为解决某一个特定风险问题而设计的，可作为这份指南的补充，但不能取代指南中规定的方法。

### 2.3.1 识别风险问题

以下是无疫小区风险评估的整体风险问题示例：

每年非洲猪瘟活病毒至少感染或污染一个无疫小区输出单位（整批生猪或

猪肉产品）的可能性有多大？

这一总体风险问题对所有利益相关方都很重要，特别是无疫小区输出物的接收人。

根据上述风险问题，应将相关流行病学过程分为传入风险问题、暴露风险问题和后果风险问题，如下所述：

→传入风险问题：非洲猪瘟活病毒每年至少有一次传入无疫小区的可能性有多大？

→暴露风险问题：由于非洲猪瘟病毒的传入，无疫小区每年至少有一头猪暴露于非洲猪瘟活病毒环境的可能性有多大？

→后果风险问题1：无疫小区每年至少有一头猪因暴露于非洲猪瘟活病毒环境而感染的可能性有多大？

→后果风险问题2：每年非洲猪瘟活病毒至少感染或污染（因直接或间接接触感染非洲猪瘟病毒的猪）一个输出单位（整批生猪或猪肉产品）的可能性有多大？

注意可能还需要添加更多的风险问题。

在本附录中，我们假设无疫小区从所在国家其他区域引进活猪。为简单起见，我们不考虑任何其他风险输入路径。假设一个国家没有非洲猪瘟病毒感染史，但有病毒传入风险。猪肉产品是相关输出单位。我们将上述风险问题简化如下：

→简化后的传入风险问题：无疫小区每年至少引进一头感染非洲猪瘟病毒的生猪的可能性有多大？

→简化后的暴露风险问题：由于引进一头感染非洲猪瘟病毒的生猪，至少有一头易感猪暴露于非洲猪瘟活病毒环境的可能性有多大？

→后果风险问题1：每年至少有一头易感猪因暴露于非洲猪瘟活病毒环境而感染的可能性有多大？

→后果风险问题2：每年非洲猪瘟活病毒至少感染或污染（因直接或间接接触感染非洲猪瘟病毒的猪）一个输出单位（猪肉产品）的可能性有多大？

风险问题有助于开展下一步风险评估，即制定风险途径，确定非洲猪瘟病毒传入、暴露和传播的所有可能路径。

## 2.3.2 供应链或价值链图解

生猪或猪肉供应链代表了生产最终产品（即生猪或猪肉）的所有阶段或功能。生猪或猪肉供应链通过价值链囊括了与最终产品相关的所有投入、过程和服务[13;15;59]。鉴于整个价值链将为风险评估过程中风险路径图的设计提供更全面的背景信息，兽医主管部门至少应对供应链进行描述。不应低估详细描述供应链或价值链的重要性。这将需要深入了解行业和相关流程，如果这样做的话，最好使用价值链方法，深入了解广泛的社会经济和治理制度。

由于供应链/价值链的特征将对无疫小区外部更广泛的风险环境产生重大影响，因此，应涵盖境内所有相关生猪和猪肉供应链/价值链环节。无需进行价值链分析，但价值链示意图或图解提供了必要的风险评估输入参数[13;60]。在大多数情况下，如图 6 所示的简单示意图就足够了[13;14;61]。但必须认识到，生猪和猪肉价值链是动态的，其结构和各环节的重要性随经济或其他因素的变化而变化。

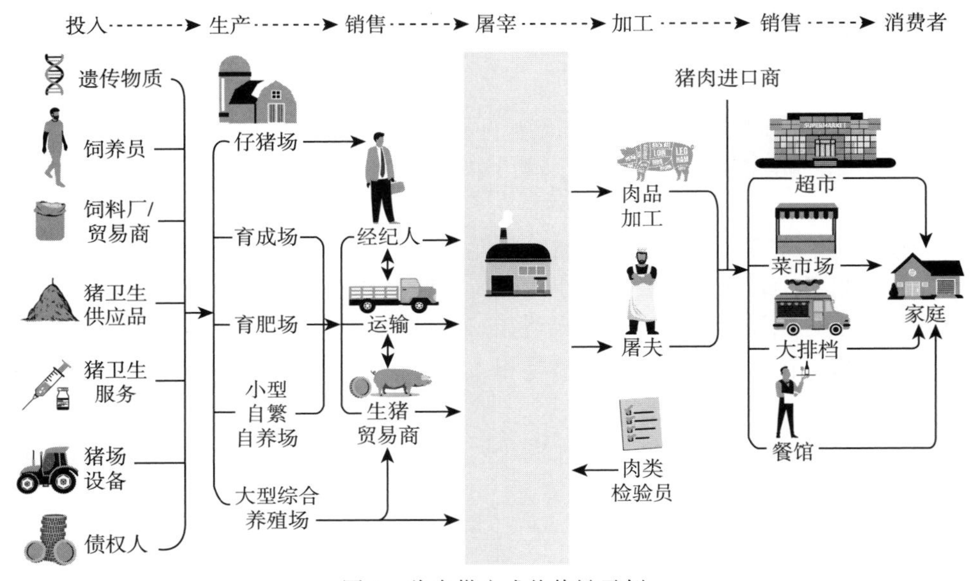


图 6　猪肉供应或价值链示例

## 2.3.3　风险路径图解

在风险评估过程的这一阶段，需使用一个或多个图形表示与风险问题相关的所有路径。下表列举了在绘制风险路径图时可考虑的因素：

→当前国际和国内（区域内）非洲猪瘟的流行情况；

→当地非洲猪瘟病毒传播动态，包括野猪和软蜱等传播媒介；

→邻近地区和其他非洲猪瘟无疫小区、养殖场；

→国家/区域/小区的非洲猪瘟病毒史，以及某些地区存在非洲猪瘟病毒的可能性；

→无疫小区所在地区进口的生猪和猪产品；

→生猪和猪产品非法跨境贸易的程度和运输；

→国家进口和无疫小区输入物料的屏障和检疫程序的有效性；
→无疫小区各单元相关地域对泔水饲养禁令/限制的遵守情况；
→当地供应链和价值链的特点。

表3列举了无疫小区的非洲猪瘟病毒风险因素，所有这些因素也都与影响生猪生产的其他传染病的传入有关[18;21;62-64]。应将那些被认为与当地具体风险背景相关的风险延伸为一个或多个风险路径，用来表示与每个风险问题相关的流行病学概率事件顺序。与风险路径上的每个事件相关的可能性取决于上一步事件的可能性。这种关系被称为条件依赖性，可用于估算总体风险[65]。

**表3 非洲猪瘟病毒潜在风险因素示例1**

| 风险因素分类 | 示 例 |
| --- | --- |
| 输入物 | — 生猪<br>— 遗传物质，例如胚胎和精液<br>— 饲料和水<br>— 药物和疫苗<br>— 垫料 |
| 废物 | — 无害化处理场<br>— 垃圾填埋池 |
| 污染物 | — 车辆<br>— 租赁设备<br>— 二手设备<br>— 衣物 |
| 生物学 | — 猪群密度（集中和散养）<br>— 野猪<br>— 软蜱<br>— 伴侣动物 |
| 交通网络 | — 高速公路<br>— 水路 |
| 人员/工作人员 | — 养猪和野猪狩猎人员<br>— 服务人员，例如煤气和电力维修人员<br>— 兽医和兽医辅助人员<br>— 在无疫小区外部其他部门兼职的人员 |

考虑到更广泛的背景和无疫小区具体风险因素，必须识别与无疫小区相关的所有非洲猪瘟病毒传入、暴露和后果的风险路径。

→图 7 列举了非洲猪瘟病毒传入无疫小区的风险路径。必须强调的是，下图是通用的，并非面面俱到，因此，具体某一个无疫小区的非洲猪瘟病毒风险路径可能与图中列出的有所不同。

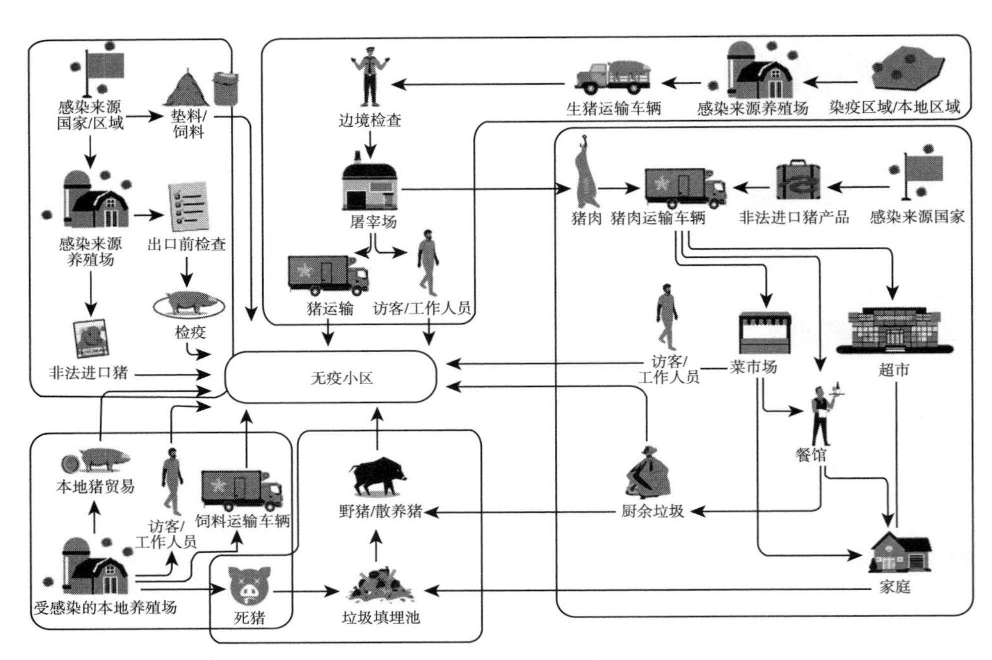


图 7　非洲猪瘟病毒传入无疫小区的五个不同风险路径示例

我们假设传入评估的风险问题是“无疫小区每年至少引进一头感染非洲猪瘟病毒生猪的可能性有多大?”，图 8 列出了相关风险路径图。

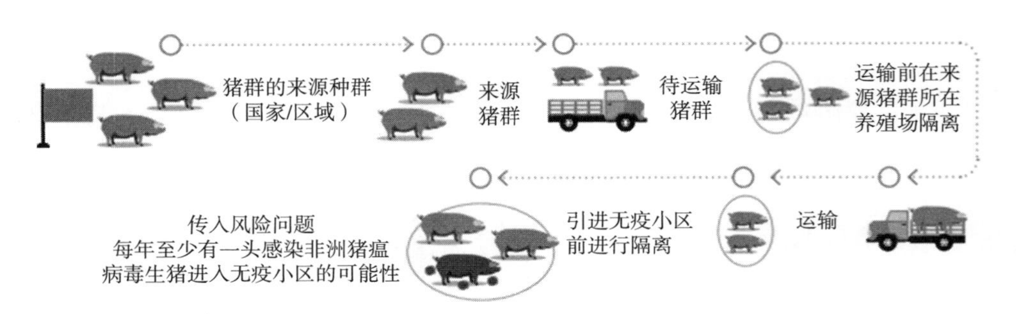


图 8　非洲猪瘟病毒经生猪传入无疫小区的假设风险路径示例

### 2.3.4 数据收集

为估算每个步骤的风险，风险评估人员必须首先收集所有相关数据。这是风险评估过程中非常重要的一步，还需在深入了解潜在价值链和流行病学过程的基础上，绘制风险路径图。可能从同行评审的出版物、灰色文献和专家意见中摘取相关数据。风险评估人员还应与无疫小区建设者以及各路径相关人员（如供应链参与人员）进行有效的交流。必须明确表述数据的质量和不确定性。应尽可能使用同行评审的资料。

### 2.3.5 风险估算

下一步，针对这个具体风险问题，风险评估人员应使用风险路径图估算无疫小区非洲猪瘟病毒传入风险。还应提供风险路径各步骤所需要的数据。为进行风险估算，可以根据图 8 所示的事件逻辑链对风险路径进行分析，也可以将其转换为情景树，如图 9 所示[58]。如《陆生动物卫生法典》第 2.1 章进口风险分析所述，可以采用定量、半定量或定性方法进行风险估算[19;66;67]。应根据数据的可用性、成本和使用定量风险建模的能力以及主要利益相关方的偏好来决定采用哪种方法是最合适的[19]。定性风险评估对工作人员的定量分析专业知识要求较低，因此，可以更快地开展风险评估，更新评估结果。本节中的假定风险评估示例使用了定性风险评估方法。建议将 NORA 快速半定量风险评估工具作为半定量风险评估的示例[66]。根据利益相关方的偏好以及数据和相关专业知识的可用性，可以使用定量风险评估方法，或先后使用定性风险评估方法和定量风险评估方法。无论选择哪种方法，无疫小区建设者都应以透明的方式在非洲猪瘟无疫小区管理风险评估文件中报告风险评估结果。

应对风险路径的各步骤进行风险或可能性估算，这是风险路径（或情景树）风险估算过程的第一步。然后，应将这些单独的风险估算合并到整个风险路径的总体风险估算中，从而得出风险问题的答案。由于总体风险估算可能随无疫小区外部环境非洲猪瘟病毒风险的变化而变化，因此必须检查每个路径，以确定各风险路径风险估算的潜在变化，从而确定是否需要调整风险管理措施。

对具体风险路径的风险或可能性估算等于该路径所有步骤的所有条件可能性的乘积。可以用风险评估和不确定性术语来表示每个步骤的风险估计，如表 4 和表 5 所示[68-71]。

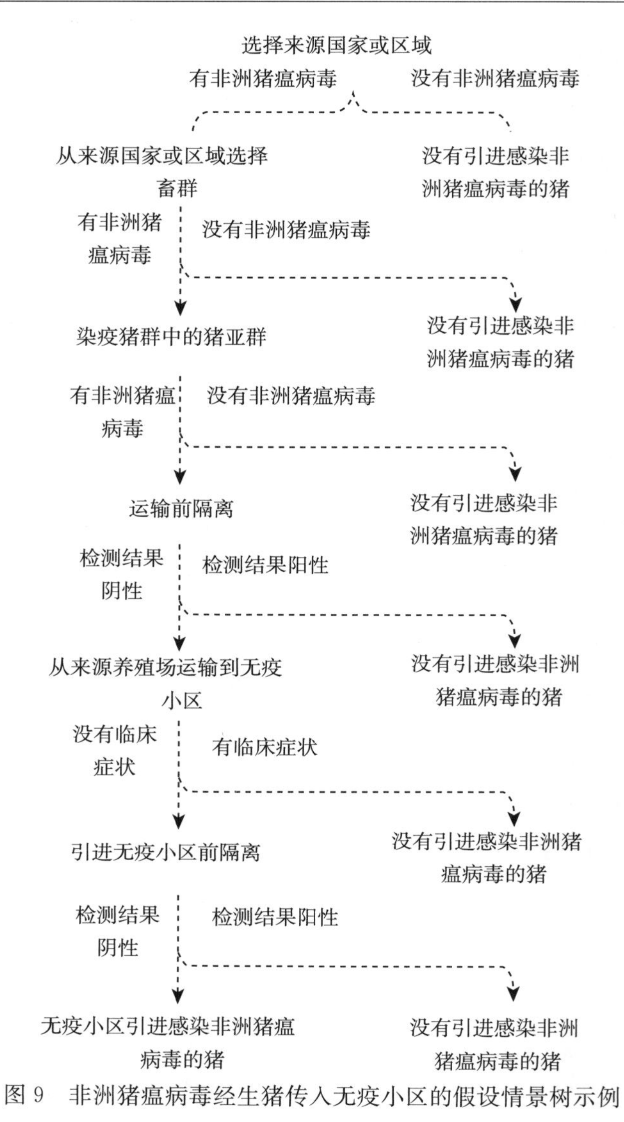


图9　非洲猪瘟病毒经生猪传入无疫小区的假设情景树示例

**表4　定性风险评估（或可能性）术语示例**

| 风险估算 | 定义 |
|---|---|
| 可忽略 | 特别罕见，不需考虑 |
| 极低 | 非常罕见，但不能排除 |
| 低 | 罕见，但会发生 |
| 中等 | 有规律地发生 |
| 高 | 非常频繁地发生 |
| 极高 | 几乎肯定会发生 |

**表 5 风险评估定性不确定性术语示例**

| 不确定性分类 | 定 义 |
| --- | --- |
| 低 | 有可靠和完整的数据；在多份参考文献中都有强有力的证据；作者的结论都类似 |
| 中等 | 有一些数据但不完整；在少量参考文献中有证据；作者的结论各不相同 |
| 高 | 很少或没有数据；从未发表的报告或根据观察或个人交流得到的证据；作者的结论截然不同 |

从风险的起源或起点开始，沿风险路径依次组合风险估算，从而获得总体定性风险估算。这可以使用风险组合矩阵来实现，如表 6 所示。应该注意的是，这个矩阵的结构应通过利益相关方的同意[72;73]。表 7 列举了风险路径各步骤的风险估算结果。表 8 列出了以假定条件的方式逐步组合各步骤序列中的风险估算过程。可以同时使用这两个表格来评估风险管理过程中的潜在问题，并与利益相关方讨论风险估算和潜在证据。对于所考虑的所有风险路径以及与每个可能性估计相关的不确定性，都应适用同样的过程。

**表 6 两个定性可能性估计的结合矩阵[71;74]**

| 可能性 2 | 可能性 1 | | | | | |
| --- | --- | --- | --- | --- | --- | --- |
| | 可忽略 | 极低 | 低 | 中等 | 高 | 极高 |
| 可忽略 | 可忽略 | 可忽略 | 可忽略 | 可忽略 | 可忽略 | 可忽略 |
| 极低 | 可忽略 | 极低 | 极低 | 极低 | 极低 | 极低 |
| 低 | 可忽略 | 极低 | 低 | 低 | 低 | 低 |
| 中等 | 可忽略 | 极低 | 低 | 中等 | 中等 | 中等 |
| 高 | 可忽略 | 极低 | 低 | 中等 | 高 | 高 |
| 极高 | 可忽略 | 极低 | 低 | 中等 | 高 | 极高 |

**表 7 非洲猪瘟病毒经生猪传入无疫小区的相关假设风险路径各步骤的数据要求和风险估算**

| 风险路径步骤 | 可能需要的数据/信息 | 风险估算 | 不确定性 | 原 因 |
| --- | --- | --- | --- | --- |
| 猪群的来源种群（国家/区域） | 来源种群（国家/地区）中染疫猪群的非洲猪瘟病毒感染率取决于：<br>（1）国家没有非洲猪瘟病毒的证据；<br>（2）以及，监测评估报告 | 极低 | 低 | 国家从未报告过非洲猪瘟疫情，国家非洲猪瘟监测系统灵敏度高，具有良好的快速检测能力，但邻国存在非洲猪瘟病毒感染 |

（续）

| 风险路径步骤 | 可能需要的数据/信息 | 风险估算 | 不确定性 | 原　因 |
| --- | --- | --- | --- | --- |
| 来源猪群 | 来源猪群中的非洲猪瘟病毒感染率取决于：<br>（1）养殖场生物安全管理制度的有效性；<br>（2）养殖场监测系统的灵敏度；<br>（3）生猪卫生和生产监测系统的可靠性；<br>（4）以及，当地环境中的非洲猪瘟病毒风险 | 极低 | 低 | 来源养殖场有一套有效的生物安全管理制度，并利用电子畜群健康管理系统一直监测生猪生产情况。在养殖场或其附近地区或联络网中从未发现任何非洲猪瘟病毒的证据 |
| 待运输猪群 | 来源养殖场将要运出的猪群的非洲猪瘟感染率取决于养殖场内生物安全措施的有效性 | 极低 | 低 | 养殖场有一套有效的生物安全管理制度，可以降低病原体在养殖场不同区域的传播风险 |
| 运输前在来源养殖场隔离 | 在运输前隔离检查期间，至少有一头感染非洲猪瘟病毒的猪检测结果为阴性或临床症状未被发现的可能性取决于：<br>（1）诊断检测和临床症状检测的灵敏度；<br>（2）运输前隔离生物安全措施的有效性；<br>（3）以及，隔离期限 | 可忽略 | 低 | 在为期15d的隔离期内，应密切监测猪的临床症状，采取严格的生物安全措施隔离猪。非洲猪瘟病毒PCR检测的灵敏度为99%，这将最大限度地降低假阴性结果的风险，且对所有猪都进行了检测。如果有任何猪感染了非洲猪瘟病毒，工作人员在15d的隔离期内就会检出临床症状 |
| 运输 | 所有感染非洲猪瘟病毒的猪都没有出现临床症状或死亡的可能性取决于：<br>（1）运输期限；<br>（2）以及，临床症状检测的灵敏度 | 低 | 中等 | 生猪运输达到6h时，运输人员在装货时、运输期间和卸货时密切监测生猪。但是对于一头最近被感染的猪来说，这一期限太短，还没有出现临床症状 |
| 引入无疫小区前隔离 | 在引入无疫小区前隔离期间，至少有一头感染非洲猪瘟的猪检测结果为阴性或未发现有临床症状的可能性取决于：<br>（1）诊断检测和临床症状检测的灵敏度；<br>（2）运输前隔离生物安全措施的有效性；<br>（3）以及，隔离期限 | 可忽略 | 低 | 在为期15d的隔离期内，应密切监测猪的临床症状，采取严格的生物安全措施隔离猪。非洲猪瘟病毒PCR检测的灵敏度为99%，这将最大限度地降低假阴性结果的风险，且对所有猪都进行了检测。如果有任何猪感染了非洲猪瘟病毒，工作人员在15d的隔离期内就会检出临床症状 |

**表 8 经生猪传入无疫小区的非洲猪瘟病毒相关假设风险路径的总体风险估算**

| 风险路径步骤 | 风险估算 | 不确定性 | 综合条件可能性估算 | 综合不确定性 |
|---|---|---|---|---|
| 猪群的来源种群（国家/区域） | 极低 | 低 | | |
| 来源猪群 | 极低 | 低 | 极低 | 低 |
| 待运输猪群 | 极低 | 低 | 极低 | 低 |
| 运输前在来源养殖场隔离 | 可忽略 | 低 | 可忽略 | 低 |
| 运输 | 低 | 中等 | 可忽略 | 中等 |
| 引入无疫小区前隔离 | 可忽略 | 低 | 可忽略 | 中等 |
| 无疫小区每年至少引进一头感染非洲猪瘟病毒生猪的可能性 | | | 可忽略 | 低 |

## 2.3.6 暴露评估和后果评估

风险评估人员应采取类似的方式对暴露风险问题和后果风险问题进行评估。应根据具体无疫小区环境来调整非洲猪瘟病毒暴露风险路径和后果风险路径，但不同非洲猪瘟无疫小区之间可能有广泛的相似性，因此，研究其他无疫小区的范例应该是有帮助的。在这一部分，还对无疫小区内部有效生物遏制措施和生物排除风险降低措施的需求进行评估，以便在病毒传入无疫小区任何地方时可以最大程度地降低无疫小区各生产单元或子单元之间的传播风险。

根据暴露风险问题和后果风险问题 1，应确定无疫小区内的猪可能接触和感染非洲猪瘟病毒的具体路径。图 10 列举了非洲猪瘟病毒风险路径图，整合

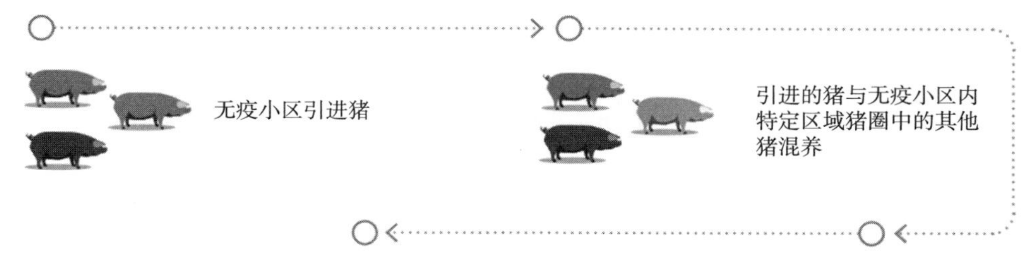

图 10 感染非洲猪瘟病毒的生猪进入无疫小区后的非洲猪瘟病毒暴露风险路径图和后果风险路径图示例

了暴露风险路径和后果风险路径。在本例中，在无疫小区内监测是否存在感染和临床症状，可能会检出新引进的染疫猪在开始传播非洲猪瘟病毒、接触同栏或同舍内饲养的易感猪之前的感染情况。不过，这样的监测可能还不够敏感，无法预防暴露情况。这表明无疫小区内的易感猪很可能会通过新引进的染疫猪而感染非洲猪瘟病毒，这也强调了在将生猪运入无疫小区前实施有效的风险管理措施是极为重要的。

上述示例图没有列出所有步骤。需要仔细进行鉴别，这有可能用于制定生物遏制措施和生物排除风险降低措施，最大限度地降低无疫小区各单元之间的传播风险。例如，为更新换代而引进后备母猪时，可以先将其引入后备母猪舍，然后引入分娩舍，最后再引入配种舍。再例如，将仔猪移入保育舍，然后移入育肥/育成舍。这些都是非洲猪瘟病毒在无疫小区内的传播路径，应进行风险评估，有针对性地制定风险降低措施和监测措施。

示例图中后果风险问题 2 的重点是无疫小区输出的猪肉产品是否会受到污染。如图 11 所示，其风险路径包括影响非洲猪瘟病毒在无疫小区内传播的步骤，这些步骤反过来又为无疫小区早期监测的设计提供依据。

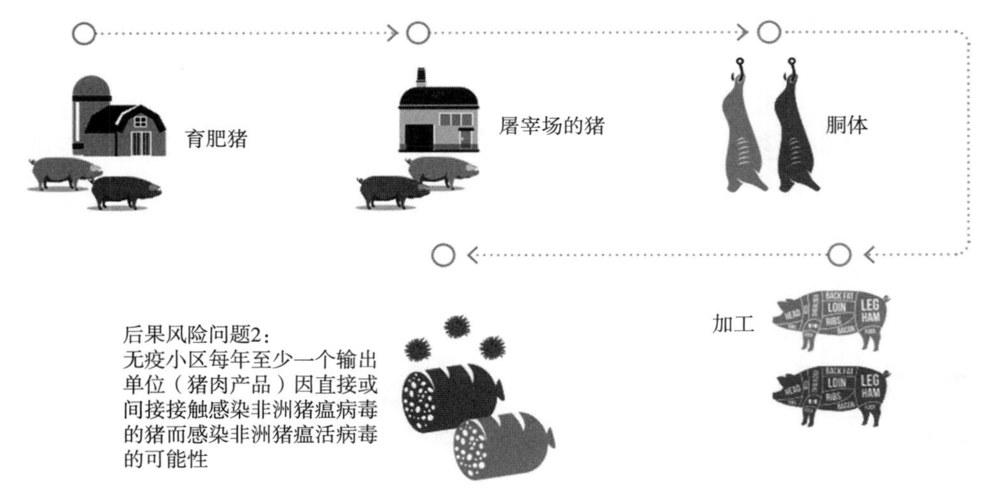


图 11　非洲猪瘟病毒在无疫小区猪群中传播的后果风险简易路径图示例

## 2.3.7　总体可能性估算

对传入风险、暴露风险和后果风险进行评估之后，应使用表 6 所示的组合矩阵，结合所有风险估算进行总体风险估算。在与非洲猪瘟无疫小区建设相关的风险评估中，不考虑其他后果，唯一的结果是非洲猪瘟病毒传入及传播的可能性。如果利益相关方要求将其他类型的后果与可能性估计相结合，例如非洲猪瘟病毒传入和传播造成的经济影响，可以使用表 9 所示的可能性-影响组合矩阵[23;71;75]。

**表 9 可能性-影响组合矩阵**

| 项 目 | | 影响 | | | |
|---|---|---|---|---|---|
| | | 可忽略 | 低 | 中等 | 毁灭性 |
| 可能性 | 极高 | 中等 | 高 | 极高 | 极高 |
| | 高 | 中等 | 高 | 高 | 极高 |
| | 中等 | 低 | 中等 | 高 | 高 |
| | 低 | 低 | 低 | 中等 | 高 |
| | 极低 | 低 | 低 | 中等 | 高 |
| | 可忽略 | 可忽略 | 低 | 中等 | 高 |

## 2.3.8 从风险评估到风险管理

如果各风险路径上的风险估算发生变化，则需要检查每个风险问题的总体风险估算的变化情况。这些变化可能是由无疫小区内外风险环境的变化而引起的，或体现了个别可能性估算相关的不确定性。这种敏感性分析对于确定无疫小区生物安全管理和监测系统的关键重点环节是至关重要的。

由于总体风险评估表明了非洲猪瘟无疫小区输出物料是否低于接收方可接受的风险水平，这对接收方来说是至关重要的。为增加这种估算的可信度，应给出敏感性分析结果。

当无疫小区暴发非洲猪瘟疫情时，了解风险路径中各步骤的重要性也具有重要意义。在准备应对非洲猪瘟疫情时，应进行风险评估以识别无疫小区的一些生产单元或子单元，这些单元需要采取特别严格的生物遏制措施和生物排除风险管理措施以及进行高灵敏度的早期检测预警。这一部分很重要，因为对无疫小区输出物的接收方来说，它可以保证接收被感染或污染的输出物的风险达到或低于其可接受的风险水平。

## 2.3.9 动态建模的作用

在猪群直接和间接传播非洲猪瘟病毒的风险路径上检测非洲猪瘟病毒，应考虑以下重要因素：潜伏期的长短、染疫猪无症状感染期和有症状感染期和感染至死亡的时间，以及非洲猪瘟病毒诊断检测能力。为完善风险管理政策，可以检查潜在的动态过程，并使用动态建模的输出数据（如图 12 所示）向利益相关方展示。这些数据表明了在无疫小区内外采取最有效的生物遏制措施和生物排除风险管理措施所需的风险路径步骤，并为快速检测监测系统的开发提供假定流行参数。

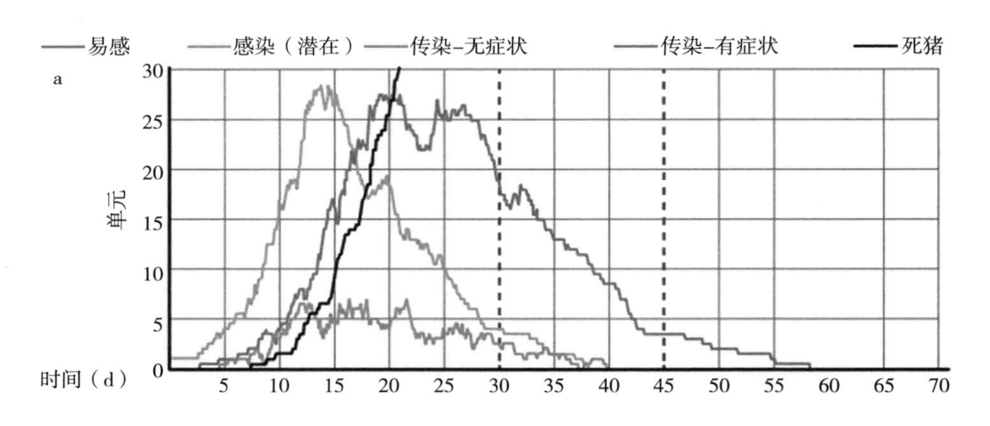


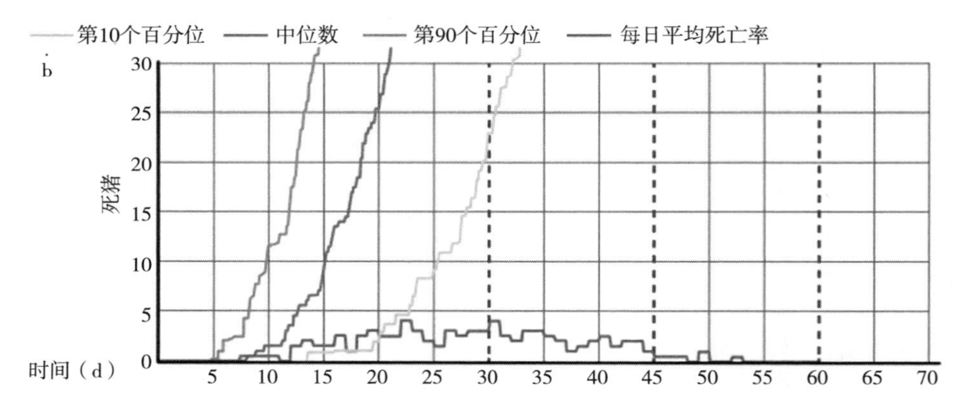


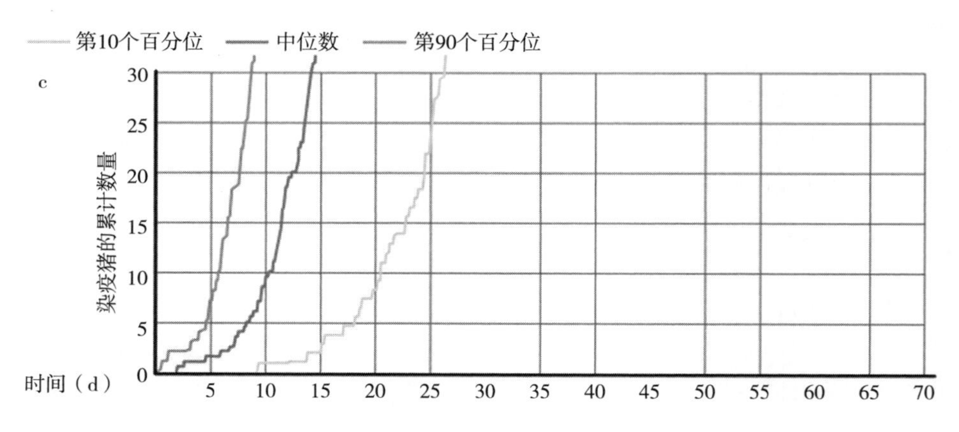

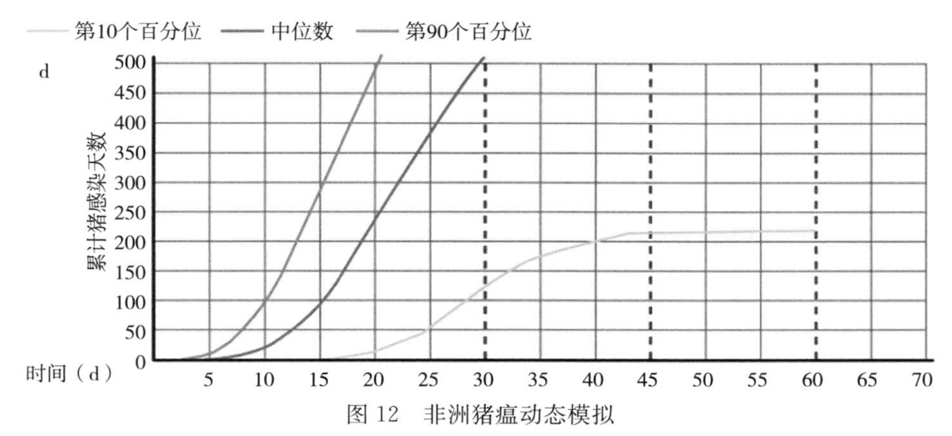


图 12 非洲猪瘟动态模拟

非洲猪瘟动态模拟模型输出（有 99 头易感猪且引进 1 头感染非洲猪瘟病毒的猪的生产单元）。列出了 a）潜伏期、无症状感染期、有症状感染期和死亡期的平均动物数量，b）一段时间内的累计死猪数量加上每日平均死亡率，c）一段时间内累计感染猪的数量，d）一段时间内猪感染的累计天数。模型反复运行了 10 次。

通过 Epidemix 应用程序建立的非洲猪瘟随机均匀混合模型，可以看出非洲猪瘟病毒传播特性的重要性。这里列出的例子是基于如下场景：将 1 头感染了非洲猪瘟病毒的猪引进一个有 99 头易感猪的猪圈[76]。这是在暴露风险问题和后果风险问题 1 的背景下可能会发生的情况。根据 Guinat 等得出的数据[37;38]，设置此模拟传播参数。模型反复运行了 10 次。模拟结果表明，在引进 7d 左右，被引进的已感染非洲猪瘟病毒的猪将死亡，到那时，它将平均感染约 8 头猪（图 12a）。为对非洲猪瘟无疫小区进行风险评估，该模拟中设置的相关参数是，如无疫小区引进 1 头染疫猪，早期检测预警系统能够检出感染所需要的时间。虽然可以在感染 4d 左右检出猪身上的病毒，在感染 5～12d 内检出临床症状，但监测系统不太可能检出最初少数几头被感染或临床患病的猪。图 12b 和图 12c 分别列出了可能死亡的猪（应由工作人员观察）和染疫的猪（应通过分子诊断试验检测）的数量。这些数据表明，在引进后 10d 左右，平均累计感染 10 头猪（10％～90％百分位范围：1～42 头猪），死亡两头猪（10％～90％百分位范围：0～12 头猪）。引进后 15d，平均累计感染 35 头猪（10％～90％的百分位范围：2～72 头猪），平均累计死亡 10 头猪（10％～90％的百分位范围：1～34 头猪）。图 12d 显示，到第 10d，平均累计猪感染天数为 20d（10％～90％百分位范围：0～92d），到第 15d，平均累计猪感染天数为 93d（10％～90％百分比范围：1～278d）。后面这些数字表示病毒在生猪引进后 10～15d 内的存在程度，并强调了在生猪引进后 10d 内检出病毒的必要性。但这意味着，分子诊断监测系统需要使用足够多的样品量，以便能够在引进后 5d 内从约 100 头猪的猪群中检出约 1 头染疫猪。临床疫病监测系统可能无法发现，除了畜群的“正常”死亡率外，还有 1 头猪死于非洲猪瘟。从这个建模示例得出的结论是，在 10d 甚至 15d 内，很难在早期发现非洲猪瘟病毒。这意味着，饲养生猪的各无疫小区生产单元或子单元必须采取高效的生物遏制措施，以便在病毒侵入时，能够将非洲猪瘟病毒传播到其他生产单元或子单元的风险降至最低。这与生物排除措施不同，后者通常是生物安全计划的重点。

上述模拟可用于探索不同场景，如畜群规模、引进的染疫动物数量或对模拟模型参数的各种假设等。除此之外，可能还需要考虑无疫小区各生产单元或子单元之间的结构和关系。

## 2.4 附录 4 国家非洲猪瘟无疫小区建设计划指南

本附录介绍了制定国家非洲猪瘟无疫小区建设计划（简称“计划”）监管制度时应考虑的内容以及利益相关方之间应讨论的一些选择方案。

---

→图 13 介绍了构成该计划的各要素，可用于指导兽医主管部门制定监管制度。以下各节详细介绍了关键要素。

---

兽医主管部门在设计国家非洲猪瘟无疫小区建设计划时，还应考虑该计划监管制度和非洲猪瘟防控计划的其他监管制度（如国家非洲猪瘟监测计划和国家非洲猪瘟疫情应急计划）之间的相互作用。应对后者进行修订，以便在非洲猪瘟暴发期间能够持续维持非洲猪瘟无疫小区的实施（例如，批准移动）。

公共和私人利益相关方应广泛地进行协商，合作制定这一计划，应事先考虑并商定成本收益和各级利益表达问题。相关政府部门和/或适用相关立法的法律/政治机构负责最终批准这一计划的监管制度，最后由兽医主管部门负责签署并对其全权负责。然而，该计划的成功也离不开私营部门的付出。首次协商的目的是确定总体规划方向，包括计划目标，这些目标应得到公私伙伴关系（PPPs）中所有利益相关方的认可。

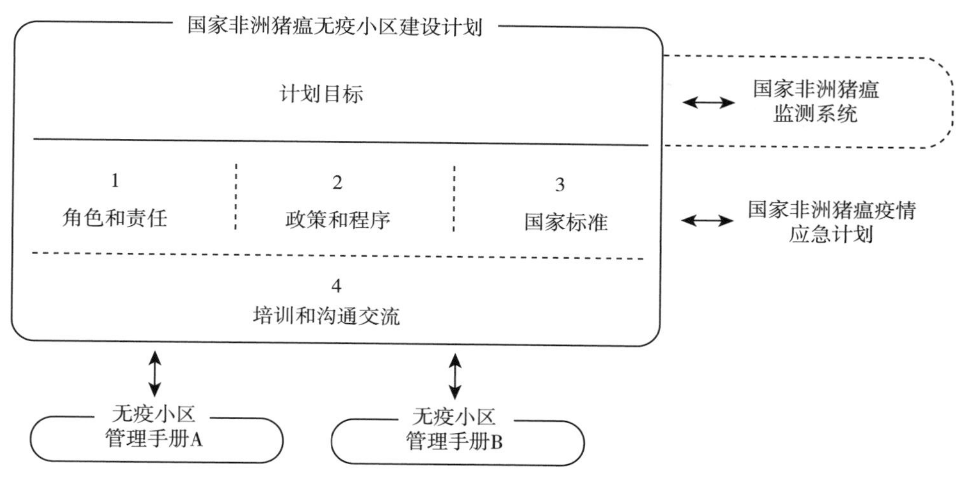


图 13　制定国家非洲猪瘟无疫小区建设计划时应考虑的共同监管制度

## 2.4.1　角色和责任

→读者应参考《陆生动物卫生法典》第 4.5.1 条、第 4.5.6 条和第 4.5.8 条。

### 2.4.1.1　角色的定义

兽医主管部门制定计划时，应首先界定各相关角色，并为每个角色分配组织。图 14 针对以利益相关方和监督结构为起点的一组角色提出了建议。负责每个角色的组织可能会因具体国家而有所不同。

→法定机构：按照 WOAH《陆生动物卫生法典》第 4.5.8 条的规定，兽医主管部门必须担任法定机构的角色，可为其他角色提供更多的灵活性，利益相关方应决定由哪个组织来担任哪个角色。

→计划管理员：兽医主管部门可负责管理该计划，也可将该角色委托给相关私营部门组织或为此目的而设立的私营公司。

→无疫小区审核人员：可由兽医主管部门或其监督的经认证的审核人员（比如合格的兽医或专业审核公司）担任。

→无疫小区建设者：由拥有无疫小区的养殖场或其他组织担任。通常是私人实体，但对于国有无疫小区来说，也可能是国有养殖场。

→诊断实验室：官方指定的实验室负责检测非洲猪瘟样品，这些实验室可能是政府实验室或兽医主管部门认可的私营实验室。应根据《陆生动物诊断试验和疫苗手册》第 3.8.1 章的规定开展诊断工作。

以下各节概述了各角色需承担的责任。

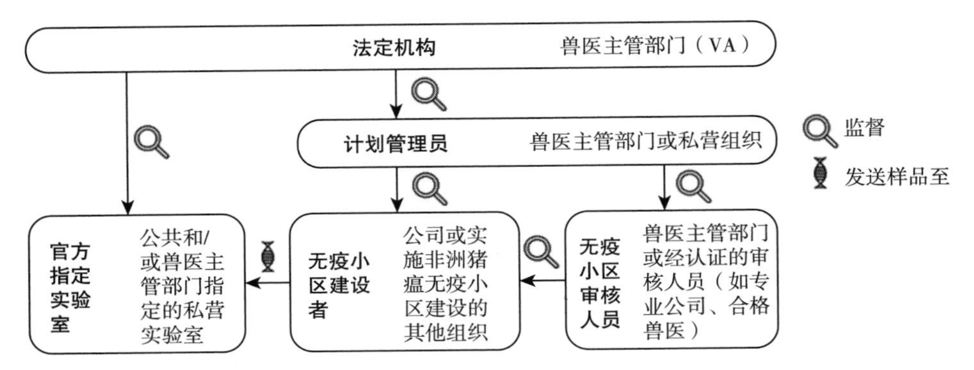


图 14 国家非洲猪瘟无疫小区建设计划和指定组织的角色示例

### 2.4.1.2 责任的界定

#### 2.4.1.2.1 法定机构

在界定法定机构的责任时，应考虑：

→对计划的基本监督和责任；

→与利益相关方协商，批准计划相关国家标准，并定期审查和更新这些国家标准；

→授予、中止、恢复和撤销计划中规定的各无疫小区非洲猪瘟无疫状况的最终权力；

→使计划获得国际认可的责任：

- →出口国（地区）应与进口国（地区）兽医主管部门就本国计划的认可进行谈判；
- →进口国（地区）根据互惠原则与出口国（地区）兽医主管部门就本国非洲猪瘟无疫小区建设计划的认可进行谈判；
- →对非洲猪瘟无疫小区货物的出口证书进行管理（为符合非洲猪瘟无疫小区产品的认证要求，可能需要修改出口认证的相关规定）；

→负责监督计划规定的非洲猪瘟无疫小区外部监测和内部监测；

→直接监督非洲猪瘟检测诊断实验室：

- →批准官方指定的实验室，为无疫小区的非洲猪瘟监测检测提供诊断支持，如公共实验室或私营实验室（当前无法做此类检测的国家，可能需修订监管内容）；
- →监督质量保证活动，如相关参考实验室开展的能力验证试验；
- →在参考实验室对非阴性样品进行确证检测；

→直接监督计划管理员；

→批准计划管理员标准操作程序（SOP）；

→定期审核；

→定期审查，并在必要时更新计划；

→对计划的变更进行审批并与其他利益相关方进行沟通。

**2.4.1.2.2 计划管理员**

在确定计划管理员的责任时，应考虑：

→编制并应用计划管理员标准操作程序，规定担任该职务所应遵循的规则和程序；

→对申请非洲猪瘟无疫小区的企业进行初步评估；

→监督现有非洲猪瘟无疫小区，包括对无疫小区状况重新评估和变更；

→就无疫小区状况的变化与法定机构、无疫小区审核人员和建设者进行沟通；

→公布并保存计划涉及的无疫小区的记录；

→直接监督无疫小区审核人员：

→批准审核人员；

→批准无疫小区审核人员标准操作程序；

→定期审核；

→保存国内（区域内）所有饲养猪相关场所位置的最新记录，使申请非洲猪瘟无疫小区的企业能够开展空间风险评估；

→与法定机构、无疫小区审核人员和建设者沟通任何非洲猪瘟疑似病例，包括但不限于非阴性非洲猪瘟诊断检测结果。

**2.4.1.2.3 无疫小区审核人员**

无疫小区审核人员必须符合适用标准（如 ISO 17020），经法定机构登记和授权后对无疫小区进行审核。

在分配无疫小区审核人员的责任时，应考虑：

→审核人员的资格；

→在法定机构登记；

→无疫小区审核人员应遵守相关标准操作程序，规定担任该职务所应遵循的程序；

→根据管理手册审核各无疫小区；

→对不符合项进行调查和跟踪；

→与计划管理员和无疫小区建设者沟通审核结果。

**2.4.1.2.4 无疫小区建设者**

无疫小区建设者的责任如下：

→经营非洲猪瘟无疫小区的生猪（或猪类产品）生产业务；

→提交申请无疫小区无疫状况所需的所有相关文件，包括无疫小区管理手册（编制无疫小区管理手册所需的信息见附录10）；

→维持无疫小区应采取的生物安全措施；

→监测疫病并及时向计划管理员报告任何疑似非洲猪瘟病例；

→为无疫小区工作人员提供适当的相关培训；

→根据无疫小区管理手册对非洲猪瘟无疫小区进行内部审核。

#### 2.4.1.2.5 官方指定的实验室

分配官方指定的非洲猪瘟实验室职责时，应考虑：

→根据WOAH《陆生动物诊断试验和疫苗手册》第1.1.5章、第1.1.6章和第3.8.1章的规定，对无疫小区建设者提供的非洲猪瘟监测样品进行诊断检测。国家非洲猪瘟无疫小区建设计划应规定如何支付检测费用；

→向参考实验室通报非阴性检测结果并安排随后的确证检测；

→定期与法定机构、无疫小区审核人员和建设者沟通检测结果；

→定期参加能力验证测试；

→建立与其他参考实验室共享材料的必要机制。

## 2.4.2 政策和程序

### 2.4.2.1 计划管理

应将计划管理相关政策和程序纳入计划管理员标准操作程序中，并使之规范化。应考虑：

→参与计划：

→资格标准，例如考虑到国家标准的许可或认证要求；

→具体考虑有多个生产单元的企业申请非洲猪瘟无疫小区；

→非洲猪瘟无疫状况申请程序，并提供申请指南和申请文件；

→计划管理员处理申请的程序和时间表。

→对无疫小区非洲猪瘟状况的管理：

→对申请非洲猪瘟无疫小区的企业进行初步评估：

→根据国家标准审查管理手册；

→审查初次审核结果；

→建议向通过评估的企业授予非洲猪瘟无疫状况（虽然计划管理员可进行评估，但法定机构仍负责无疫小区无疫状况）；

→对现有非洲猪瘟无疫小区的状况重新进行评估（如定期、临时和紧急评估）；

→暂停或撤销无疫小区状况的条件和原因，以及暂停或撤销后对出口证书的影响；

→暂停无疫小区状况后，恢复非洲猪瘟无疫状况的条件和重新提交申请表；

→在现有非洲猪瘟无疫小区添加或移除部分单元的条件和原因，并提交修改表格；

→无疫小区建设者对计划管理员的决定提出申诉的规则；

→与各利益相关方就非洲猪瘟状况的变化进行沟通；

→与各利益相关方就所有的监测修正案进行沟通；

→官方公布参与计划的非洲猪瘟无疫小区的非洲猪瘟状况。

#### 2.4.2.2 无疫小区审核

##### 2.4.2.2.1 外部审核（由无疫小区审核人员负责）

应将与非洲猪瘟无疫小区外部审核相关的政策和程序编制成文件。应在无疫小区审核人员标准操作程序中规定相关要素，应考虑：

→批准无疫小区审核人员：

→法定机构要求应具备的资格；

→在法定机构登记；

→批准程序。

→无疫小区审核程序和时间表：

→审核的时间和周期：对申请非洲猪瘟无疫小区进行初步评估，定期重新评估，无疫小区状况暂停后重新申请；

→审核的内容：案头文件审查，现场检查频率，选择实地考察场所；

→整理和评估内部审核报告；

→根据无疫小区管理手册，制定审核标准和检查表；

→对不符合项进行调查和跟踪；

→与计划管理员和无疫小区建设者沟通审核结果。

##### 2.4.2.2.2 内部审核（由无疫小区建设者负责）

应在计划层面实现内部审核程序和审核频率的标准化和规范化。为确定如何在计划层面规范这些程序，以及允许无疫小区建设者有多大的灵活性，应征询利益相关方的意见。在任何情况下，无疫小区建设者必须提交内部审核程序，并将其作为其无疫小区管理手册的一部分。

#### 2.4.2.3 应急计划和应急响应

应将有关应急计划和应急响应的政策和程序编制成文件。应考虑：

→无疫小区建设者、计划管理员和法定机构在应急计划和应急响应方面的角色和责任；

→无疫小区建设者必须提交准备计划，并将其作为其无疫小区管理手册的一部分。在计划的设计阶段，至少应从整体计划层面将一些要素标准化和规范化；

→应急计划的程序和时间表：

→对生物安全漏洞的管理（例如在无疫小区内暴发另一种传染病）；

→对非洲猪瘟无疫小区非洲猪瘟暴露风险变化的管理。

→在下列情况下的应急响应计划和时间表：

→在无疫小区内发生疑似非洲猪瘟病例；

→在无疫小区内发生确诊非洲猪瘟病例；

→发生威胁无疫小区完整性的意外事件（例如自然灾害）。

## 2.4.3 国家标准

### 2.4.3.1 基本结构

国家标准是用来评估申请非洲猪瘟无疫小区企业提交的管理手册以及决定是否授予非洲猪瘟无疫状况的客观标准。根据国家标准，兽医主管部门应对非洲猪瘟无疫小区进行持续监督。国家标准是出口国（地区）向贸易伙伴保证其符合 WOAH 相关标准的法律基础。在制定国家标准时应考虑以下基本准则：

→应以科学为基础，并记录相关科学证据；

→应在以下三个重点方面提出对申请非洲猪瘟无疫小区的最低要求：

→非洲猪瘟生物安全要求；

→动物卫生监测；

→活体动物及其产品的标识和追溯。

→若适用，国家标准应考虑每个重点因素的基础设施、程序和文件方面的最低要求。

→应考虑有资格加入国家非洲猪瘟无疫小区建设计划的不同生产体系类型和待交易的商品（例如猪肉生产、猪遗传物质公司）。

→如果利益相关方能接受无疫小区的风险评估结果，应允许灵活执行国家标准。例如，标准可能只指定一个目标输出（基于输出的标准），也可能指定所有可接受或不可接受的实际做法（基于输入的标准）。

### 2.4.3.2 非洲猪瘟生物安全要求

无疫小区建设是基于应用生物安全措施的概念，实现动物亚群功能分离，建立无疫动物亚群。在制定国家生物安全标准时，应考虑以下具体准则：

→应基于非洲猪瘟特有的流行病学特征；

→应提供指导并规定明确的要求，说明如何在物理和功能上将无疫小区亚种群与非洲猪瘟病毒的潜在源隔离。这意味着，为识别非洲猪瘟病毒传入无疫小区的所有潜在路径，国家标准应符合风险评估的要求；

→为确保针对非洲猪瘟病毒采取有效的生物安全措施，提高对无疫小区不存在非洲猪瘟病毒的信心，应侧重管控传入路径和暴露路径；

→应降低非洲猪瘟病毒跨界传入的风险以及再次暴发时在国内（区域内）传播的风险；

→应参考适用的法规，明确规定其他要求。

#### 2.4.3.3　非洲猪瘟无疫小区动物卫生监测

在制定内部（即在无疫小区内）监测国家标准时，应考虑：

→应指导如何在非洲猪瘟病毒感染无疫小区动物亚群时快速检测，并提供非洲猪瘟无疫状况的充分证据；

→基于输出标准，应规定监测目标；或基于输入标准，规定监测内容；

→输出物应达到的监测灵敏度水平以及快速检测的最长可接受时间和置信水平。

---

→有关非洲猪瘟无疫小区内部监测的其他指导资料，见附录8和附录9。

---

#### 2.4.3.4　活体动物及其产品的标识和追溯

在制定无疫小区内外标识和追溯相关国家标准时，应考虑：

→应概述对无疫小区建设者的要求，以证明：

　→建设者持续监督无疫小区的管理情况；

　→在任何时候，都应保持非洲猪瘟无疫小区的完整性；

　→可快速追踪整个供应链中的非洲猪瘟无疫小区产品，如果在无疫小区中检出非洲猪瘟病毒则应及时、有效地召回相关产品。如果无疫小区外部非洲猪瘟状况发生变化，应防止相关产品与无疫小区外部产品发生任何可能的接触，以避免污染；

→应遵守现行适用标识和追溯规定；

→应遵守对非洲猪瘟无疫小区中动物以及无疫小区场所的动物或动物产品（如公猪精液、猪肉产品）的标识和追溯要求；

→最好在生物安全国家标准中规定与生物安全相关的其他追溯要求（例如，饲料成分的来源）。

---

图15和图16分别列出了非洲猪瘟无疫小区引进生猪和内部监测相关国家标准示例。应在国家标准中规定利益相关方商定的备选方案的标准类型和灵活度。

---

| 基于输出的标准 | 基于输入的标准 |
| --- | --- |
| 基础设施要求：<br>▶ 若适用，隔离场所应符合此类设施的监管要求。<br>程序化要求：<br>▶ 无疫小区引进的生猪应处于非洲猪瘟无疫状况。<br>文件要求：<br>▶ 为核实这一标准的合规性，应保存适当的记录 | 基础设施要求：<br>▶ 在隔离期间，猪舍应完全封闭。<br>▶ 隔离设施的入口须有“禁止闲人入内”的标识牌。<br>程序化要求：<br>▶ 生猪来自非洲猪瘟无疫小区。<br>▶ 不得直接引进非洲猪瘟无疫小区之外的生猪。<br>▶ 来自非洲猪瘟无疫小区之外的生猪须隔离 30d。引进无疫小区前，应使用实时 PCR 分析口腔拭子样品，且检测结果为非洲猪瘟阴性。<br>文件要求：<br>▶ 对引进无疫小区的每头猪，都应保存完整的记录，详细记录：<br>— 原产养殖场的标识。<br>— 同批动物的数量。<br>— 若适用，引进日期和解除隔离日期 |

图 15　非洲猪瘟无疫小区引进生猪相关国家标准示例

| 基于输出的标准 | 基于输入的标准 |
| --- | --- |
| 程序化要求：<br>内部监测系统应规定：<br>▶ 99%的置信水平，无疫小区内没有非洲猪瘟病毒，猪只假定流行率为 5%，猪舍假定流行率为一处染疫猪舍。<br>▶ 95%的置信水平，引进无疫小区 15d 内检出染疫猪。<br>文件要求：<br>▶ 为核实这一标准的合规性，应保存适当的记录 | 程序化要求：<br>内部监测以病原学检测为基础，发现猪死亡或因卫生原因被施以安乐死，应进行检测：<br>▶ 选择每栋猪舍、每周前两头呈非洲猪瘟类似病症的死亡猪进行取样。<br>▶ 猪死亡 24h 内，采集脾脏样本。<br>▶ 使用实时 PCR 检测样本。<br>文件要求：<br>▶ 每日记录猪舍的死亡率，记录猪死亡数量或因卫生原因被施以安乐死的数量，并根据规定的死亡分类标准记录死亡日期和类别 |

图 16　非洲猪瘟无疫小区内部监测相关国家标准示例

### 2.4.4　培训和沟通

培训计划应包括：

→在不同的组织内进行培训，使现任人员和新聘人员能够履行各自职责，还应考虑定期进行进修培训；

→培训计划参与机构之间的沟通：

→在常规情况下（例如，无疫小区建设者向计划管理员报告可能影响无疫状况的管理措施，无疫小区审核人员向计划管理员报告审核结果，计划管理员每月向法定机构提交例行计划报告）；

→在紧急情况下（例如，无疫小区建设者立即向计划管理员报告生物安全漏洞情况）；

→出口国（地区）兽医主管部门与进口国（地区）兽医主管部门为促进无疫小区建设计划的实施，就无疫小区认可情况进行谈判，并就可能发生的变化进行沟通交流；

→保存最新的、可供公众查阅的计划文件，包括资格标准、国家标准和完整的非洲猪瘟无疫小区清单。这份文件的目标受众是有相关需求的生产商和希望评估无疫小区建设计划的进口国（地区）利益相关方。

## 2.5 附录 5 结果导向型非洲猪瘟无疫小区生物安全检查表

本附录提供了评估无疫小区的生物安全检查表。WOAH 成员应根据各自国家和无疫小区的具体情况来调整这份非洲猪瘟无疫小区生物安全检查表。WOAH 成员可基于结果导向型原则，将其他能够达到预期结果的检查措施补充至本表中。此外，可使用如 Biocheck. ugen 等其他在线辅助工具来评估、指导猪场共同生物安全状况。但本表不是为解决某一个特定风险问题而设计的，可作为这份指南的补充，但不能取代指南中规定的方法。

---

→可登录 WOAH 网站下载检查表：https：//www. woah. org/fileadmin/Home/eng/Animal _ Health _ in _ the _ World/docs/pdf/ASF/ASF-BiosecurityChecklist-Compartmentalisation _ EN. pdf

---

| 预期成果 | 实施措施说明 | 培训（是/否/不适用） | 协议（是/否/不适用） | 合规（是/否/不适用） | 备注 |
|---|---|---|---|---|---|
| 输入物控制 | | | | | |
| ▶ 防止非洲猪瘟病毒侵入无疫小区 | 根据《陆生动物卫生法典》第 15.1.22 条，确保非洲猪瘟病毒不会通过饲喂泔水输入无疫小区<br>确保外来饲料在储存前没有受非洲猪瘟病毒污染（例如使用《良好管理规范》）<br>防止饲料在无疫小区储存期间受非洲猪瘟病毒污染 | | | | |

（续）

| 预期成果 | 实施措施说明 | 培训（是/否/不适用） | 协议（是/否/不适用） | 合规（是/否/不适用） | 备注 |
|---|---|---|---|---|---|
| ▶ 防止非洲猪瘟病毒侵入无疫小区 | 确保垫料在无疫小区储存期间不受非洲猪瘟病毒污染<br>确保水源不受非洲猪瘟病毒污染<br>确保从安全的、没有非洲猪瘟病毒的地方引进猪<br>确保从没有非洲猪瘟病毒的地方引进其他物料，并遵守合适的储存和交接程序 | | | | |
| 运输和车辆 | | | | | |
| ▶ 防止非洲猪瘟病毒侵入无疫小区<br>▶ 防止生猪及其产品交叉污染 | 每次使用车辆运输生猪之后，对车辆进行合适的清洗和消毒<br>确保运输车辆在清洗和消毒过程中不受污染<br>确保生猪在装卸过程中不会暴露于非洲猪瘟病毒环境<br>确保访客在无疫小区内部只能搭乘无疫小区内部车辆 | | | | |
| 场所的位置、布局和结构 | | | | | |
| ▶ 确保隔离/分离<br>▶ 防止非洲猪瘟病毒侵入无疫小区<br>▶ 防止无疫小区各单元定植非洲猪瘟病毒<br>▶ 减少非洲猪瘟病毒侵入无疫小区的影响<br>▶ 非洲猪瘟病毒侵入后，加快恢复无疫小区的无疫状况<br>▶ 防止工人、设备等交叉污染<br>▶ 防止非洲猪瘟病毒侵入后传播 | 确保无疫小区各部分选址、设计和建造时能够防止非洲猪瘟病毒侵入或定植<br>确保无疫小区场所内部不同猪群圈舍之间保持恰当间距，以及无疫小区有合适的检疫或隔离设施 | | | | |
| 内部生物安全 | | | | | |

（续）

| 预期成果 | 实施措施说明 | 培训（是/否/不适用） | 协议（是/否/不适用） | 合规（是/否/不适用） | 备注 |
| --- | --- | --- | --- | --- | --- |
| ▶ 防止无疫小区各部分滋生非洲猪瘟病毒<br>▶ 防止非洲猪瘟交叉污染无疫小区各部分<br>▶ 防止非洲猪瘟病毒侵入后在猪亚群之间传播<br>▶ 减少非洲猪瘟病毒侵入对无疫小区的影响<br>▶ 提高无疫小区的市场竞争力<br>▶ 非洲猪瘟病毒侵入后，加快推进无疫小区恢复无疫状况 | 确保对无疫小区员工进行所有协议和标准操作程序（SOPs）的相关培训<br>确保使用有效的消毒剂对无疫小区各部分和生产单元或子单元进行彻底清洗和消毒，确保无疫小区各部分不会受到污染<br>防止因无疫小区内部员工/人员流动造成无疫小区内设施、设备或人员交叉污染<br>防止因无疫小区内部共用设备和移动造成非洲猪瘟病毒交叉污染<br>对访客或员工因接触无疫小区外部的风险因子而引起的非洲猪瘟病毒侵入的风险进行评估<br>确保员工在接触生猪之前，彻底擦洗手臂，并换上干净衣服或采取同等措施<br>确保妥善管理无疫小区内各阶段猪群，并保证与人员和设备或同等物料隔离<br>确保制定合适的非洲猪瘟监测系统，对无疫小区内的动物亚群开展监测 | | | | |
| 输出物控制 | | | | | |
| ▶ 防止非洲猪瘟病毒交叉污染/感染生猪及其产品<br>▶ 促进生猪及其产品的贸易安全 | 针对生猪及其产品实施移动控制、标识追溯措施，防止交叉污染并促进安全贸易<br>防止生猪和相关货物在运输过程中交叉污染<br>管理无疫小区（包括所有生产单元或子单元）内外的污泥和生物废料<br>防止生猪及其产品在屠宰、分割和加工过程中交叉污染 | | | | |
| 清洗和消毒 | | | | | |
| ▶ 防止无疫小区各部分滋生非洲猪瘟病毒<br>▶ 降低非洲猪瘟病毒侵入对无疫小区的影响<br>▶ 非洲猪瘟病毒侵入后，加快推进无疫小区恢复无疫状况<br>▶ 提高无疫小区的市场竞争力<br>▶ 防止设备和生猪交叉污染/感染 | 确保使用易于清洗、消毒的设备引种或调入每批生猪，并使用消毒剂彻底清洗转运设备及猪栏地面 | | | | |

（续）

| 预期成果 | 实施措施说明 | 培训（是/否/不适用） | 协议（是/否/不适用） | 合规（是/否/不适用） | 备注 |
|---|---|---|---|---|---|
| 追溯和供应处理 | | | | | |
| ▶ 防止非洲猪瘟病毒侵入无疫小区<br>▶ 防止非洲猪瘟病毒交叉污染输入物和输出物<br>▶ 加快生猪及其产品的安全贸易 | 能够准确标识生猪和相关货物，以保证它们源自无疫小区体系<br>采取良好质量控制措施，确保外来供应物的生物安全水平<br>对生猪和相关货物在无疫小区与屠宰场之间的运输/交付以及储存等进行适当检查<br>在屠宰场、分割厂和加工厂采取恰当措施，确保猪肉和其他相关产品没有非洲猪瘟病毒 | | | | |
| 员工 | | | | | |
| ▶ 防止非洲猪瘟病毒侵入无疫小区各生产单元<br>▶ 防止非洲猪瘟病毒交叉污染无疫小区各生产单元 | 对员工进行必要的生物安全措施培训，确保其具备预防非洲猪瘟病毒侵入或交叉污染的相关知识，以及确保进行跟踪评估以证明其了解生物安全协议及更新或变更情况<br>保证能够详细记录生物安全培训情况，并进行测试，同时保存记录 | | | | |
| 访客管理 | | | | | |
| ▶ 防止非洲猪瘟病毒侵入无疫小区 | 确保访客在有限、受控的条件下进入无疫小区场所和其他生产单元或子单元<br>保持无疫小区访客/人员人数处于最低水平<br>确保访客遵守无疫小区生物安全措施及要求<br>确保员工遵守装卸生猪、饲料和其他输入物的相关要求<br>采取恰当物理隔离措施，将野猪、散养猪和其他牲畜与无疫小区内部的生猪隔离<br>尽量减少无疫小区周边引诱鸟类、啮齿动物、野猪和散养猪的物料 | | | | |
| 文件归档 | | | | | |

（续）

| 预期成果 | 实施措施说明 | 培训（是/否/不适用） | 协议（是/否/不适用） | 合规（是/否/不适用） | 备注 |
|---|---|---|---|---|---|
| ▶ 确保对进出无疫小区的动物和动物产品或相关输入物的追溯能力<br>▶ 提高无疫小区的市场竞争力<br>▶ 尽量减少非洲猪瘟病毒侵入无疫小区的影响<br>▶ 非洲猪瘟病毒侵入后，加快推进无疫小区恢复无疫状况<br>▶ 防止进出无疫小区的生猪及其产品交叉污染 | 确保对进入无疫小区的访客和车辆进行记录<br>保证能够对进出无疫小区的生猪及其产品（包括饲料等相关输入物）开展标识和追溯工作<br>保证无疫小区供应链的各参与方能够证明其供应的产品未受到非洲猪瘟病毒污染和/或感染<br>保证无疫小区能够妥善归档保存引进生猪的所有相关资料 | | | | |
| 生产性能 | | | | | |
| ▶ 提高无疫小区的市场竞争力<br>▶ 遵守国家生物安全协议要求<br>▶ 阻断非洲猪瘟病毒在猪群中传播 | 保证每日巡查各养殖单元卫生状况，并将饲料消耗量的变化作为卫生状况变化的指标<br>保证对所有非物理伤害因素（如挤压致死的新生仔猪）致死的生猪进行尸检，以防止非洲猪瘟病毒的传播<br>确保保存完整的医疗记录，如接种记录以及除非洲猪瘟之外的其他疫病发病率<br>确保无疫小区具备快速监测能力 | | | | |
| 检疫或新引进 | | | | | |
| ▶ 防止非洲猪瘟病毒侵入无疫小区<br>▶ 非洲猪瘟病毒侵入后，加快推进无疫小区恢复无疫状况 | 确保无疫小区以合适的频次引进新猪<br>确保无疫小区能够在购进新猪之前检查其健康记录文件，以最大限度降低因调入新猪而引起的非洲猪瘟病毒侵入风险<br>确保新引进生猪的健康并附有最新卫生检疫证书<br>确保无疫小区的检疫和隔离设施配套完善、位置合理且远离其他猪舍<br>确保对新引进的生猪实施安全、合适的检疫程序<br>避免检疫人员在检疫/隔离设施和其他单元之间走动以及共用设备<br>确保对新引进生猪在混群前进行隔离检测<br>确保对处于隔离舍和检疫舍中的生猪进行定期巡查 | | | | |

## 2.6 附录6 评估标准

本附录介绍了出口国（地区）、进口国（地区）、审计人员和私营部门审批、评估非洲猪瘟无疫小区应考虑的通用标准，各相关方可将这些通用标准作为评估无疫小区的基本指导原则，并根据具体国家情况和无疫小区特点进行调整。

| 项目 | 标　准 |
| --- | --- |
| 无疫小区的监督与控制 | ▶ 出台国家（地区）非洲猪瘟无疫小区建设监管制度。<br>一 明确界定公私伙伴关系（PPPs）以及参与非洲猪瘟无疫小区建设计划的各方的角色和责任（具体内容可参考WOAH《无疫小区建设应用清单》）。<br>▶ 根据《陆生动物卫生法典》第3.1章，清晰记录无疫小区及相关设施（如实验室）的授权、组织及基础设施等信息，有关示例见附录4图14。可根据《陆生动物卫生法典》第3.2章和WOAH兽医体系效能评估工具（PVS）对兽医机构进行评估。<br>▶ 兽医主管部门对非洲猪瘟无疫小区实施官方监管。<br>一 对管理措施、生物安全、监测、追溯、兽医机构能力等维持无疫小区的关键要素进行适当监督。<br>一 兽医主管部门定期评估无疫小区，可考虑任何必要的其他预防措施，以确保无疫小区的完整性。<br>一 兽医主管部门能够证明无疫小区的产品未受到非洲猪瘟污染，符合国家/国际贸易相关规定。<br>一 兽医主管部门有权批准、暂停和撤销无疫小区。<br>一 兽医主管部门能够确保贸易伙伴方便获取所有与非洲猪瘟无疫小区有关的信息。<br>▶ 建有内部和外部审核机制，以持续监控无疫小区的管理措施、生物安全、监测、追溯等是否符合国家非洲猪瘟无疫小区建设计划的监管制度和其他相关要求追溯。<br>▶ 除标准操作手册（SOP）外，还应制定全面操作手册 |
| 标识和追溯系统 | ▶ 兽医主管部门负责征询私营机构的意见，确保动物标识和追溯系统有效运行。<br>▶ 明确界定动物标识（个体或群体）方法和追溯系统，并按要求记录进出无疫小区情况。<br>▶ 无疫小区采用的标识和追溯系统符合《陆生动物卫生法典》第4.2章和第4.3章以及第4.5.3条规定的相关标准以及第5.10至5.12章有关拟出口动物及动物产品的规定。<br>▶ 追溯系统应至少包含以下信息：<br>一 动物的批次信息；<br>一 动物及相关产品的原产地及调运情况 |

（续）

| 项目 | 标　　准 |
| --- | --- |
| 标识和追溯系统 | ▶ 需记录包括无疫小区内部移动和外部调运在内的所有动物调运信息，以便兽医主管部门在必要时查阅相关内容。<br>▶ 追溯系统能够验证生猪及其产品原产于非洲猪瘟无疫小区或将调入无疫小区。<br>▶ 除了记录生猪信息以外，追溯系统也可适用于生猪饲养环节中所需的饲料、药品、疫苗等的记录。<br>▶ 应针对无疫小区内部及外部追溯系统建立审核机制 |
| 生物安全计划 | ▶ 所实施的生物安全计划是经兽医主管部门批准的。<br>▶ 生物安全计划应符合《陆生动物卫生法典》第 4.4.3 和 4.5.3 条有关规定。<br>▶ 生物安全计划应包含所有相关因素，包括但不限于：<br>— 明确无疫小区所属类型。<br>— 无疫小区内通用生物安全管理制度实施情况，可采用图表、流程图或其他方式来说明各管理体系间的功能和关系。<br>— 非洲猪瘟病毒的潜在输入风险路径和防止非洲猪瘟病毒传入的关键控制点。<br>— 可能影响无疫小区生物安全的物理因素、空间因素以及基础设施。<br>— 针对风险路径和风险因素有关的最新科学进展，制定定期监测和审查程序。<br>— 针对关键控制点实施的生物安全措施，以降低非洲猪瘟病毒通过风险路径输入的风险。<br>▶ 制定生物安全计划标准操作程序和相应的合规监测计划（CMP）。<br>▶ 针对非洲猪瘟等不良事件制定应急计划。<br>▶ 制定包括定期审核和更新生物安全措施在内的生物安全审核制度，并确定是否存在违反生物安全措施的情况。<br>▶ 制定生物安全漏洞报告制度，向兽医主管部门报告有关安全漏洞情况（关于具体细节，读者可参考 WOAH《无疫小区建设应用清单》）[1] |
| 监测 | ▶ 在兽医主管部门的监督下，建立无疫小区监测系统。<br>▶ 国家层面应当开展必要的监测，包含调查、疑似病例报告和确诊非洲猪瘟病例的程序。<br>▶ 掌握并了解无疫小区内外的非洲猪瘟状况（包括野猪和野化生猪感染情况）。<br>▶ 根据《陆生动物卫生法典》第 1.4 章、第 1.5 章基本原则以及第 15.1.28 节至 15.1.33 节关于非洲猪瘟监测的有关规定制定并开展监测。<br>▶ 无疫小区监测系统的主要组成部分可参考 WOAH《无疫小区建设应用清单》。<br>▶ 能够根据风险水平适当调整无疫小区内部和外部监测的敏感性。<br>▶ 兽医主管部门作为权威机构，有权对无疫小区的疫病监测和报告、疫病控制和国际贸易兽医认证实施监管 |

（续）

| 项目 | 标　　准 |
| --- | --- |
| 实验室诊断能力 | ▶ 负责检测样品的实验室应符合 WOAH《陆生动物卫生手册》第 1.1.5 章关于质量保证的标准且由官方指定。<br>▶ 实验室针对非洲猪瘟采取的检测方法和程序应符合《陆生动物卫生手册》第 3.8.1 章有关建议，并根据《手册》第 1.1.6 章规定开展验证。<br>▶ WOAH 参考实验室、国家参考实验室或其他参考实验室（如适用）负责确认非洲猪瘟病毒阳性检测结果的样品复检工作。<br>▶ 实验室建立系统化的程序和快速报告系统，及时、定期向兽医主管部门报告检测结果。<br>▶ 兽医主管部门应掌握以下实验室诊断能力信息：<br>— 检测及确认检测结果的官方指定实验室名单；<br>— 名单中实验室能力应满足监测要求；<br>— 非洲猪瘟病毒检测试验类型；<br>— 每次检测的样品量；<br>— 制定质量控制保证程序及方法；<br>— 制定日常检测结果报告程序以及阳性结果快速报告程序 |
| 应急响应和通报 | ▶ 建立快速检测系统，能够及时有效地检出输入无疫小区的非洲猪瘟病毒。<br>▶ 制定应急计划，针对无疫小区内任何不良事件，能够确定需要采取哪些措施，进而防止非洲猪瘟病毒进一步扩散。<br>▶ 建立报告系统，以使无疫小区建设者发现无疫小区的任何不良事件时能够报告兽医主管部门。<br>▶ 兽医主管部门应针对以下情况制定程序和措施：<br>— 无疫小区内出现疑似或确诊非洲猪瘟病例；<br>— 无论是否怀疑有非洲猪瘟疫情，出现了生物安全漏洞；<br>— 无疫小区外部非洲猪瘟状况发生变化 |
| 文件记录 | ▶ 无疫小区建立存档制度，保存生物安全、监测、追溯和管理措施等文件，用以证明无疫小区日常管理遵循相关文件内容；此外，存档文件中应包含不符合项的纠正措施。<br>▶ 文件存档（若有）应符合《陆生动物卫生法典》第 4.5.4 条的规定。<br>▶ 编制内部动物亚群的动物卫生基础信息报告，并定期更新，以体现最新动物卫生状况。<br>▶ 无疫小区存档记录的保存时间应合理、明确。<br>▶ 所有存档记录应公开、透明，方便兽医主管部门随时进行审核 |

## 2.7 附录 7 审核程序示例

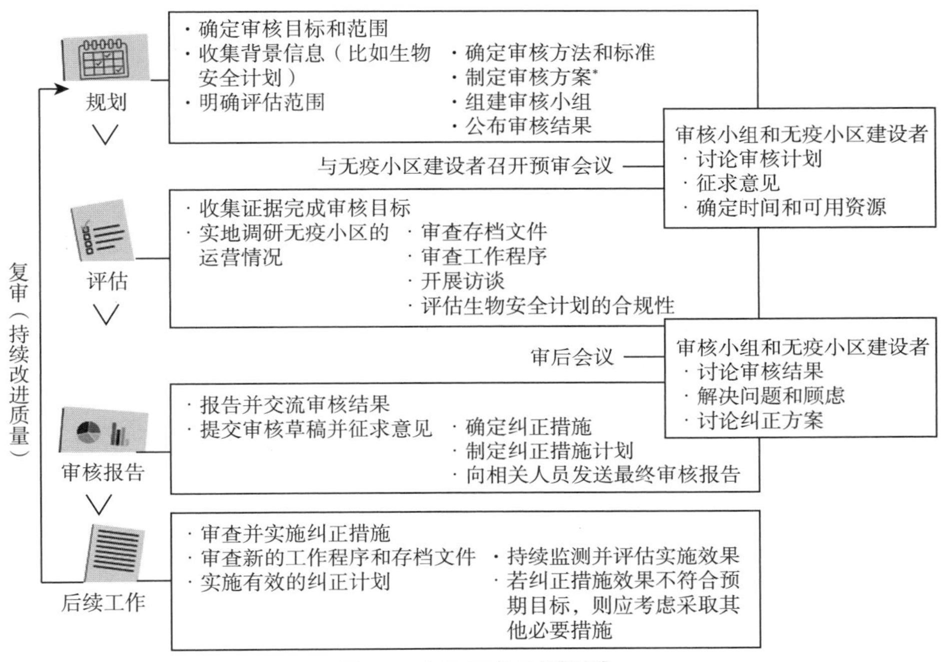


图 17 审核程序示例[80-82]

* 审核流程和审核计划制定流程图。

应按照以下程序制定审核计划：

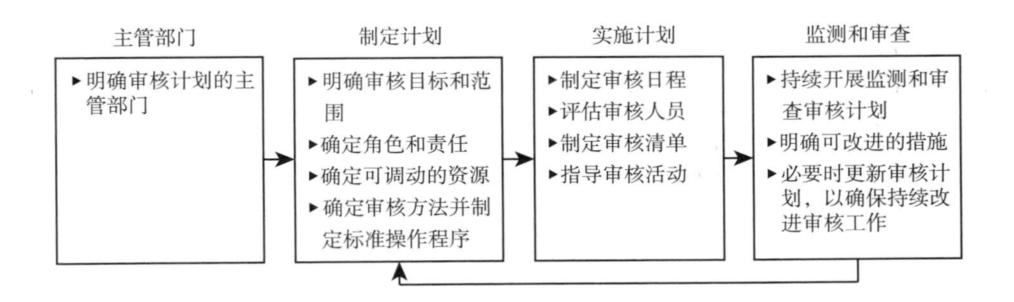

## 2.8 附录 8 非洲猪瘟无疫小区内部监测基本原则

读者可参考《陆生动物卫生法典》第 1.4.6、4.5.3（第 3h 点）、4.5.5（第 1 点）、15.1.14、15.1.15、15.1.29 和 15.1.30 条的有关规定。

本附录介绍了在非洲猪瘟无疫小区内部建立非洲猪瘟监测系统应考虑的原则以及范例。《陆生动物卫生法典》相关章节内容明确了非洲猪瘟无疫小区开展疫病监测的必要性；此外，非洲猪瘟无疫小区内部实施的监测系统也应符合所在国的相关标准。

本附录提供的内部监测计划是基于《陆生动物卫生法典》第 15.1 章制定的，用于检测无疫小区内部是否发生非洲猪瘟病毒感染。

本附录中提出的原则也适用于《陆生动物卫生法典》规定的外部监测要求，用于证明无疫小区的非洲猪瘟无疫状况。

无疫小区内部监测应采用基于风险的方法优化监测系统的整体敏感性，并根据无疫小区风险评估结果确定监测关键点[28;30;83;84]。

### 2.8.1 监测目标

非洲猪瘟无疫小区需建立内部监测系统，以向利益相关方提供证据证明其持续维持无疫状况，同时能够快速检出非洲猪瘟病毒以最大限度降低感染动物或污染物质输出的风险。开展内部监测的目标包括：

（1）快速检出传入无疫小区的非洲猪瘟病毒，将无疫小区的生猪或猪产品感染或污染非洲猪瘟病毒的可能性降到可接受水平，同时尽快恢复非洲猪瘟无疫状况；

（2）除非洲猪瘟无疫国或无疫区内的无疫小区外，其他无疫小区若准备启动和维持贸易，则须证明非洲猪瘟无疫状况。

### 2.8.2 监测敏感性

为达成上述监测目标，内部监测系统的敏感性、时效性和代表性至关重要[28;30;83]。本节将主要介绍影响非洲猪瘟内部监测系统敏感性的相关因素[42;85]。

#### 2.8.2.1 非洲猪瘟病毒快速检测的监测

监测系统的敏感性是指在特定的时间内快速检出非洲猪瘟病毒传入无疫小区生产单元或子单元的概率。监测旨在确保能够提前检测到传入生产单元或子单元的非洲猪瘟病毒，以防止其扩散到无疫小区其他区域。因此，监测系统的关键参数是从非洲猪瘟病毒传入到检出的时间（如病毒传入无疫小区生产单元或子单元5d后），无疫小区建设者应与生猪或猪产品购买方商定这一时间段。

可以通过以下三个参数的乘积来估算内部监测系统的敏感性[42]：

#### 2.8.2.1.1 监测覆盖动物群体数量

是指将动物亚群中指定动物或其他抽样单元纳入监测系统的概率。如果采用简单随机抽样的方法选择抽样单元，则该概率等于样品量除以动物亚群内动物数量，该计算方法也可以用于判断抽样动物或抽样单元的代表性。临床监测会对所有生猪开展症状观察，故其监测覆盖率接近100%。此外，下文中提及的检测敏感性包括各生猪饲养单元或动物亚群的人工识别或疑似病例报告概率。

#### 2.8.2.1.2 监测时间覆盖率

是指在规定的时间内检测或观察到监测范围内动物亚群中指定动物或其他抽样单元的条件概率。如监测系统设定的抽样时间为7d，但每4周开展一次，则监测系统的时间覆盖率为25%。

#### 2.8.2.1.3 检测敏感性

是指在规定的时间内检测或观察到感染动物或抽样单元的条件概率。对于使用实验室诊断技术开展内部监测的无疫小区，监测系统的敏感性是指使用的实验室诊断技术的敏感性。对于通过临床观察开展内部监测的无疫小区，监测敏感性是一系列检测步骤概率的乘积，每个步骤都有相应的发生概率，可能包括：

→生猪感染非洲猪瘟病毒后出现临床症状（包括死亡）的概率；

→生产单元或子单元工作人员注意到潜在受影响动物并向其经理报告的概率；

→生产单元或子单元经理向无疫小区管理层报告疑似病例的概率；

→无疫小区建设者认为可能是非洲猪瘟并向兽医主管部门报告的概率；

→收集样品的概率；

→样品检测出非洲猪瘟病毒的概率；

→检测结果为阳性的概率（即实验室诊断检测的敏感性）。

因此，可通过增加动物或其他单元抽样数量、检测或观察动物或其他相关抽样单元频次或提高发现疫病的能力（通过更准确的诊断检测或改进临床观察）来提高快速检测监测系统的敏感性。

对于临床疫病检测工作，工作人员必须了解非洲猪瘟的临床表现，并记住猪在感染后第5至第19天或更长时间内才可能会出现临床症状，但可以使用分子检测方法检测出感染4d内血样中的非洲猪瘟病毒[37;38]。

#### 2.8.2.2 证明无疫的监测

内部监测系统旨在证明非洲猪瘟无疫状况，其敏感性是指动物亚群感染非洲猪瘟病毒的水平达到或高于设定的预期流行率水平，在监测过程中发现至少一只真正受感染的动物的概率。内部监测系统的敏感性取决于：

→预期流行率的选择；

→诊断试验的敏感性；

→样品量（检测或观察的动物数量）。

样品量与内部监测系统敏感性呈指数关系，而其他两个决定因素与系统敏感性呈乘数关系。与增加动物个体检测实验敏感性相比，增加样品量（或检测或观察的动物数量）将更易增加监测系统的敏感性。换句话说，采用高通量、价格低廉、敏感性较低的检测方法可能比低通量、高敏感性的检测方法更能提高内部监测系统的整体敏感性。

如果每周抽样检测结果为阴性，则证明无疫小区持续维持非洲猪瘟无疫状况[86]。假设非洲猪瘟病毒传入无疫小区的概率约为4年一次（即非洲猪瘟病毒每周传入无疫小区的概率约0.5%），连续3周检测结果为阴性，该无疫小区自第3周起其无疫状况的置信度将≥99%（如图18所示）。当然，以上结果是基于非洲猪瘟病毒传入无疫小区的概率不会随着时间发生改变这一假设。

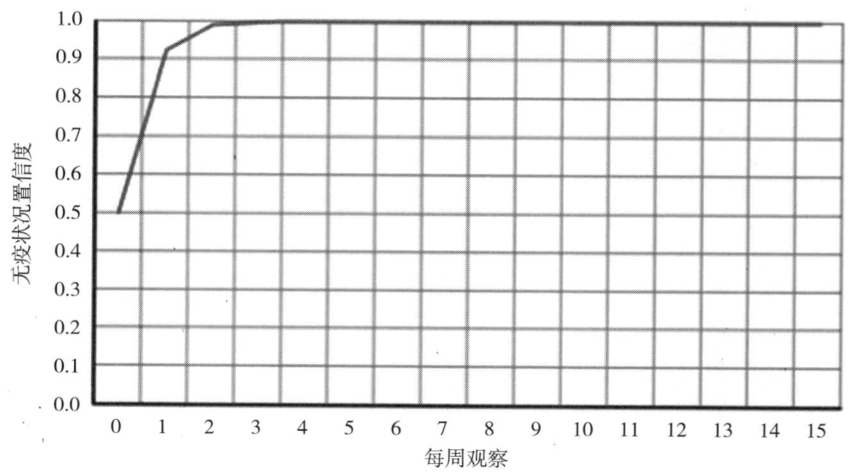


图18 基于每周采样阴性检测结果的累积非洲猪瘟病毒无疫状况置信度

# 2.9　附录9　非洲猪瘟无疫小区风险管理之内部监测系统

## 2.9.1　结合监测系统的目标

如附录8所述，非洲猪瘟无疫小区的内部监测有两个目标：快速检测非洲猪瘟病毒和证明非洲猪瘟无疫状况。制定内部监测系统可同时促进这两个目标的实现，无须按目标分别制定监测系统。以上目标的重要性取决于无疫小区建设情况[30;42;83-85]。

在非洲猪瘟无疫国或无疫区建立非洲猪瘟无疫小区，可提供非洲猪瘟历史无疫证明和最新监测结果来证明无疫小区中的动物亚群未感染非洲猪瘟病毒。在这种情况下，内部监测系统的目标是快速检测新引进动物的感染情况。此时快速检测的目标是尽快确定生产单元或子单元（如猪舍）中的首只染疫动物。无疫小区应持续分析监测系统生成的监测数据，以此来证明其符合无疫状况要求。

在非洲猪瘟流行的国家建立非洲猪瘟无疫小区或尚无足够证据证明无疫小区动物亚群未感染非洲猪瘟病毒，则需进一步重点说明非洲猪瘟无疫状况。在这种情况下，若无疫小区曾存在非洲猪瘟病毒，内部监测系统应具备快速检测非洲猪瘟病毒的能力，无疫小区在获得非洲猪瘟无疫状况认可之前，需要提供能够开展上述快速检测的证明材料。在证明无疫过程中，预期流行率一般在1%～10%，预期流行率越低，所需的样品量就越大。可使用临床疫病监测、症状监测等方法（见下文非洲猪瘟监测系统示例）分析长期积累的数据，得到证明无疫所需的证据。此外，由于数据真实性或其他监管要求等原因，为证明无疫状况可能需要开展更多监测活动，如开展专项实验室诊断检测等措施。通过一系列监测活动后，一旦证实无疫小区内部没有非洲猪瘟病毒感染，内部监测系统就会侧重于监测外部非洲猪瘟病毒的传入情况。

## 2.9.2　配置资源

监测与生物安全措施是非洲猪瘟无疫小区风险管理的两大核心措施。故在优化无疫小区总体收益时，应充分考虑以上两个措施的资源分配情况以及实施过程中产生的收益和花费的成本。例如，通过对风险路径的详细检查以及无疫小区风险评估结果，在自繁自养、配备空气过滤器、未引进活动物的情况下，可接受较低水平的监测敏感性。另一方面，若无疫小区涵盖多个生产单元，存在动物或饲料等跨单元调运且未安装空气过滤，则需要较高的监测敏感性。此外，为确保目前采取的降低风险措施及传入概率不会对无疫状况的维持造成影响，在资源分配时，非洲猪瘟病毒的传入概率仍应是需要考虑的重要因素[43]。关于监测系统成本效益设计，可参考相关文献[30;83;84]，也可免费使用在线工具，包括监测系统各设计工具、评估工具和统计工具来估计监测敏感性、无疫置信度和其他参数，例如，可登录 https：//survtools.org/下载。

### 2.9.3 外部非洲猪瘟病毒风险对无疫小区的影响

读者可参考《陆生动物卫生法典》第 4.5.5 条。

理想情况下，内部监测系统不应受国家或区域是否存在非洲猪瘟的影响，同时也应符合这两种情况下的监测目标。但当非洲猪瘟病毒传入无疫小区所在的国家或区域后，相关贸易伙伴可能会改变对非洲猪瘟病毒感染的可接受水平和无疫小区内部监测要求。因此，贸易伙伴在与无疫小区谈判、签订有关贸易协定时，需考虑以上因素，并预判可能发生的变化（如为应对不断增加的风险，提高内部监测的敏感性），协商制定应急计划等文件。

### 2.9.4 通过临床症状或实验室诊断检测发现非洲猪瘟病毒

临床监测以检测生猪感染非洲猪瘟临床症状为基础，是世界上许多非洲猪瘟无疫国建立非洲猪瘟病毒快速检测监测系统的基础。根据这份指南中给出的定义，临床监测一般指从事养猪行业的人员报告非洲猪瘟疑似病例，这是一种筛选检测，之后由专业实验室对疑似病例进行诊断以确定感染情况；需要采取一切措施最大限度地提升工作人员筛查非洲猪瘟临床症状的敏感性。

非洲猪瘟临床监测的有效性可受以下因素的影响：

（1）向兽医主管部门报告疑似非洲猪瘟病例的发生情况，可能会对部分国家或区域的经济或政治产生负面的后果。

（2）由于部分国家或区域存在类似临床症状和流行病学特征的其他疫病（如古典猪瘟、猪繁殖与呼吸综合征），导致非洲猪瘟临床监测的阳性预测值较低。

上述两个因素均会对临床病例报告产生不利影响，若因此降低了报告率，则可能造成根据附录 8 所列示方法计算的非洲猪瘟无疫的置信度高于实际水平，并对监测系统的快速检测性能造成更严重的不利影响。在这种情况下，将大幅度降低临床监测系统的敏感性，特别是在未达到非洲猪瘟无疫状况的国家或区域。因此，为实现监测系统预期的敏感性、时效性和代表性，需考虑使用其他监测方法，这可能会对动物和/或环境进行随机或基于风险的采样，使用分子检测方法进行实验室诊断检测。

尽管监测系统采取的检测方法的特异性很可能不同（如，不同实验室检测方法或临床症状检测），但一般会假设监测系统的快速检测的总体特异性为100%。主要是因为，需通过病毒分离和/或基因测序等实验室检测方法对筛查检测（如临床监测）中发现的任何阳性结果进行全面诊断。因此，即使在第一次检测中产生假阳性结果，后续检测会尽量降低假阳性监测结果的概率，故可以假设该概率为100%。若监测中无假阳性或假阳性结果较少，则表明监测系统敏感性可能不足，因此，可将筛查结果中的假阳性数据作为筛查监测的性能指标，将假阳性数据随时间的变化情况作为系统敏感性变化指标，故筛选检查未发现假阳性或假阳性数据较少也可间接表明生猪饲养人员的临床监测工作不到位。

可免费使用Epidemix应用程序中的非洲猪瘟随机均匀混合模型预测非洲猪瘟病毒传播动力学情况[76]，以便计算出某一特定生产单元或子单元中可能出现症状的生猪数量。在预测出现症状生猪的数量时应注意的是，生产过程中单位时间内各子单元中的生猪存栏规模会存在差别。例如，从仔猪到育肥猪（非种猪）的生产周期为：仔猪期3周，保育期3～8周，育肥期16～17周，任何生产周期内均存在非洲猪瘟病毒传入猪群的风险。2018年，欧盟和美国的育肥猪平均死亡率分别为2.9%和4.5%。同年欧盟生猪平均育肥期为111d[87]，故欧盟育肥猪的日均死亡率为0.03%。本节将模拟1头感染非洲猪瘟病毒的生猪引入原有99头易感生猪的流行病学单元后的情景，其参数设置与附录3中的模拟图所用的参数设置相同，如图19所示。当病猪进入流行病学单元后，平均死亡率将在13～15d内达到3%～5%的育肥猪“正常”死亡率水平（如图19a和图19b所示），即达到15d时累计感染时间为79d（中位数，10%～90%的百分位范围：6～207d），到20d时累计感染时间为227d（中位数，10%～90%的百分位范围：39～432d，如图19d所示）。基于以上模拟结果，当1头感染非洲猪瘟病毒的生猪进入子单元后，将使其他生猪暴露于非洲猪瘟病毒环境当中，并使工作人员或设备受到病毒的污染；若该流行病学单元的生物安全不完善，将造成病毒在流行病学单元内传播，受病毒污染的工作人员、设备、粪便等也可能将非洲猪瘟病毒携带到无疫小区其他区域。以上数据表明，若要在非洲猪瘟病毒传入20d内检测到感染病例，则须将死亡率监测的阈值设置得非常低，但这样会导致大量的假阳性结果出现。

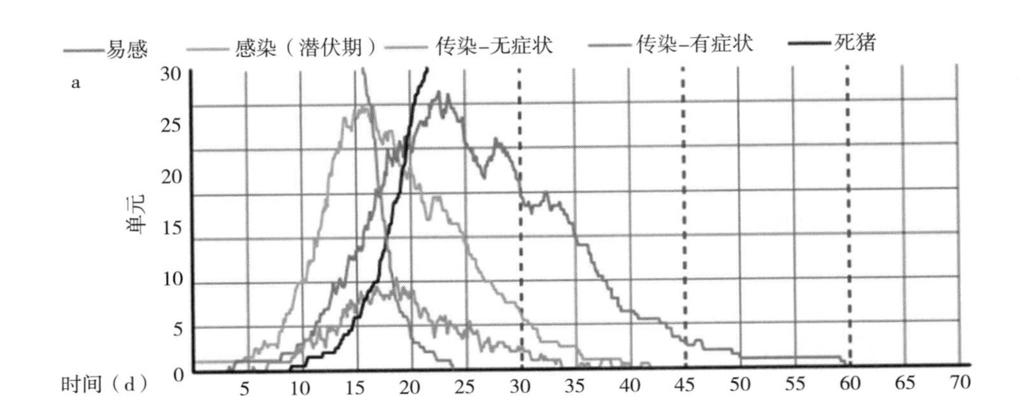
易感
感染（潜伏期）
传染-无症状
传染-有症状
死猪
a
单元
时间（d）
0
5
10
15
20
25
30
35
40
45
50
55
60
65
70

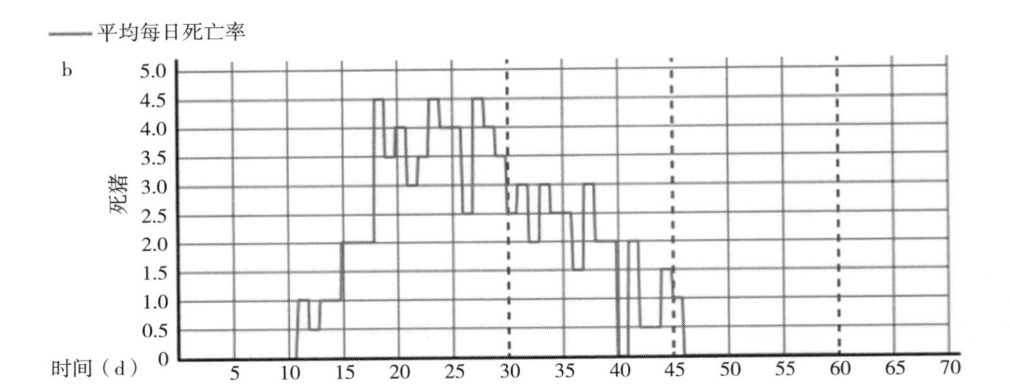
平均每日死亡率
b
死猪
5.0
4.5
4.0
3.5
3.0
2.5
2.0
1.5
1.0
0.5
0
时间（d）
5
10
15
20
25
30
35
40
45
50
55
60
65
70

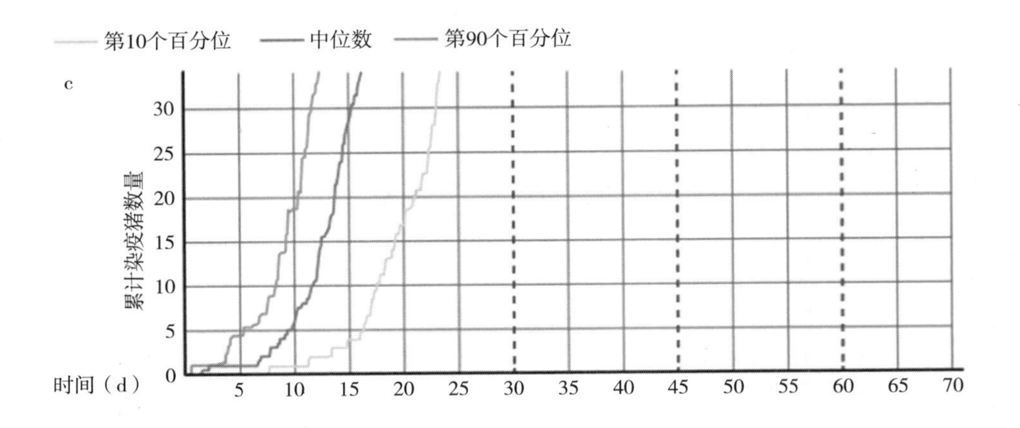
第10个百分位
中位数
第90个百分位
c
累计染疫猪数量
30
25
20
15
10
5
0
时间（d）
5
10
15
20
25
30
35
40
45
50
55
60
65
70

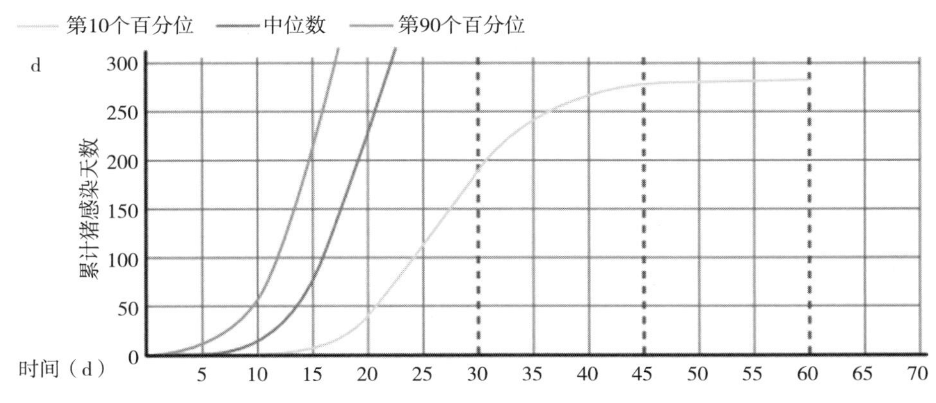


图 19　子单元（有 99 头易感猪且其中包括 1 头感染非洲猪瘟病毒的猪）非洲猪瘟病毒动态模拟模型输出

图 19 列出了 a）易感期、潜伏期、无症状期、有症状期和死亡期的平均猪数量，b）每日平均死亡率，c）一段时间内累计感染猪的数量，d）一段时间内累计猪感染天数。将模型反复运行 10 次。

## 2.9.5　非洲猪瘟病毒监测系统示例

典型的非洲猪瘟监测系统包括症状监测、基于生产单元或子单元的观察监测以及宰前或宰后实验室诊断检测（具体特征如表 10 所示）。其中，前两种系统主要是开展“预警”监测，利用发病率或死亡率来筛查猪群存在非洲猪瘟病毒的临床证据，而后启动确证或后续调查，包括对样品进行实验室检测；第三种系统是采用随机或基于风险的抽样方法来选择动物开展宰前或宰后诊断实验室检测。

**表 10　检测非洲猪瘟病毒的三种监测系统特点汇总**

| 监测系统 | 症状监测 | 基于生产单元或子单元的观察监测 | 宰前或宰后实验室诊断检测 |
|---|---|---|---|
| 畜群覆盖范围 | 根据所使用的指标，可覆盖高存栏量畜群。例如：<br>▶ 工作人员可对整个畜群进行常规巡查和死亡率报告；<br>▶ 若使用自动化仪表或者经常手动记录数据，则可全面监测整个畜群水或饲料的消耗情况 | 基本可达到 100%。<br>▶ 工作人员观察各自负责生产单元或子单元中全部生猪，如果发现生猪出现临床症状，则可能视为感染病例 | 仅覆盖即将启运到屠宰场的育肥猪或屠宰场内的待宰猪，不包括其他猪群（如孕产母猪） |

（续）

| 监测系统 | 症状监测 | 基于生产单元或子单元的观察监测 | 宰前或宰后实验室诊断检测 |
| --- | --- | --- | --- |
| 时间覆盖范围 | 根据监测指标的时效性：<br>▶ 每日或实时生猪行为、临床症状、死亡率和饮水数据的监测频率；<br>▶ 能够用于快速分析的其他指标，即便在病程晚期发现，也具有指示价值 | 工作人员对负责生猪（100%）开展每日观察 | 如果开展常规样品采集工作，则与常规检测时效性一致 |
| 检测敏感性 | 检测敏感性取决于：<br>▶ 指标的可使用性；<br>▶ 每个指标或指标组合选择警报阈值的适合性；<br>▶ 感染非洲猪瘟病毒的生猪与健康生猪区分指标存在的偏差；<br>▶ 复核调查中使用实验室诊断检测技术的敏感性。<br>症状分析的敏感性很高，能够发现非常细微的变化，但特异性可能非常低。应调整症状分析元素的警报阈值，以实现检测灵敏性和特异性之间的预期平衡 | 常规观察对非洲猪瘟临床感染具有较高敏感性，监测系统（包括跟踪调查）的总体检测敏感性也较高，取决于：<br>▶ 设定的警报阈值；<br>▶ 对每起警报，应采集的样品数量；<br>▶ 与健康猪相比，死猪和病猪非洲猪瘟病毒感染的风险比 | 检测敏感性取决于所使用的检测方法的敏感性（如聚合酶链反应），可能非常高 |
| 监测敏感性 | 与畜群覆盖范围、时间覆盖范围和检测敏感性正相关 | 与畜群覆盖范围、时间覆盖范围和检测敏感性正相关 | 由于畜群覆盖范围小，监测敏感性较差 |
| 成本 | 症状监测的费用包括：<br>▶ 生猪卫生和生产信息电子系统运营成本（取决于数据流量成本）；<br>▶ 符合调查工作成本，受监测中假阳性或假警报所占比例影响 | 由于工作人员在生产单元或子单元开展观察的成本很低，此方案的成本完全取决于警报的次数以及每次警报后开展跟踪调查所收集的样品数量，包括：<br>▶ 采样成本（如养殖户、养殖员、动物卫生技术人员和兽医等采样人员成本）；<br>▶ 样品运费；<br>▶ 样品检测费用 | 数据收集成本与样品采集时段，育肥单元、待宰区和宰后检疫等阶段的采样成本不同。装运前在无疫小区待屠宰区育肥单元采集的，还是在监管检测期间进行尸检时采集的。为达到理想的监测敏感性而开展大量的样品检测工作，会大幅提升样品处理和检测的成本 |

当无疫小区外部非洲猪瘟病毒传入风险增大时，无疫小区可使用更多监测系统，如定期对高风险无疫小区生产单元或子单元中的生猪随机采集血液或口

腔液样品进行实验室诊断检测[34;35;88;89]。

#### 2.9.5.1 症状监测

症状监测可定义为对发病率和死亡率、生产记录和其他养殖数据进行系统分析，以掌握无疫小区内部非洲猪瘟病毒感染的变化[31]；是对一个或几个分析指标偏离正常范围和模式的情况开展实时或近实时的监测，从而对动物亚群中潜在的疫病事件发出警报。无疫小区应建立生猪卫生和生产信息电子系统，对死亡率、发病率、治疗、饲料和用水量等卫生和生产指标开展监测[22;90]。其中大多数监测结果可作为监测非洲猪瘟病毒的指标。

每个指标（或指标组合）应当以历史均值为基准，并考虑其他可能的影响因素（如疫病的流行水平、季节性变化），应用信号检测算法（阈值法）评估当前指标是否在预期范围内。如果监测指标值不在预期范围内，则发布警报启动调查，调查人员应根据具体情况决定是否需要采样。无疫小区应建立决策树来规范每次采取的应急措施，并在标准操作程序中明确说明这一过程。

症状监测包括两个步骤：

（1）预警监测，根据信号检测算法对卫生和生产信息化数据进行分析以检测非洲猪瘟病毒感染指标，并发出警报；

（2）确认诊断，对每个警报进行跟踪调查，直到得出最终诊断，包括已排除的非洲猪瘟病毒感染。

因此，预警监测中会出现一定数量的假阳性或假“警报”，但将上述两个步骤结合起来便能够保证症状监测特异性达到100%。为保证症状监测具备足够的敏感性，应统一“警报”解除模式，可通过对各生产单元或子单元的饲养动物开展随机或基于风险抽样检测的方式排除假阳性并解除警报。此外，若在一定时间内没有收到“警报”，无疫小区建设者则必须检查信号检测算法（阈值法）的敏感性。

#### 2.9.5.2 基于生产单元或子单元的观察监测

是指一种更有针对性的症状监测，根据生产单元或子单元生猪死亡率或发病率的变化触发“警报”，开展后续跟踪调查的监测。作为日常生猪饲养巡查的一部分，各生产单元或子单元工作人员应每天主动观察饲养生猪的情况。与常规临床疫病监测相比，观察监测需要无疫小区各生产单元或子单元工作人员对饲养生猪进行更细致的观察。

当生产单元或子单元（如建筑物或猪圈）等流行病学单元的死亡率或发病率超过阈值时，就会触发“警报”，即可开展跟踪调查，对饲养动物开展随机或基于风险抽样检测。应根据正常饲养过程中生猪的死亡率和/或发病率设置监测所用的“警报”阈值，通过对卫生和生产信息化数据进行分析、建立疫病动态模型（见附录3）均可为阈值的设置提供辅助信息。

基于对监测所需敏感性、特异性、实验室检测能力和成本的考虑，在对“警报”开展复核调查时应明确抽样数量和种类。在复核调查时，可使用基于风险的采样方法，即从非洲猪瘟病毒感染概率最高的动物亚群（如患病和死亡的动物）中采集样品。该抽样策略可避免对健康动物等感染概率较低动物群体的无效抽样，可使用风险评估辅助设计基于风险的抽样计划（见附录3）。

#### 2.9.5.3 宰前或宰后诊断实验室检测

对育肥单元中育肥末期生猪、出栏生猪及屠宰场待宰生猪开展非洲猪瘟实验室诊断检测，可在宰前或宰后开展随机（例如10头选1头）或采用基于风险（例如宰后检测时选择有特定病变、运输途中或在待宰栏死亡的生猪）的抽样策略。需要注意的是该监测只考虑育肥期或已经到达屠宰场的生猪，故与前两个监测相比并不能更早检出非洲猪瘟疫情，但可用来证明无疫小区输出的生猪或猪产品未受非洲猪瘟病毒污染。

## 2.10 附录10 《非洲猪瘟无疫小区管理手册》编写指南

本附录列出了建设者（如猪肉生产公司）申请非洲猪瘟无疫小区时提交的无疫小区管理手册中应包含的要素清单。建议建设者将这部分内容作为指南，具体内容应根据国家和无疫小区实际情况，特别是拟出口商品的性质和无疫小区各生产单元或子单元等因素进行调整。

本附录提出的各类建议用以下图标标示：

☰ 描述文本中的相关信息。

▦ 提供表格。

品 提供图解。

📊 提供条形图或折线图。

🌐 提供地图。

📎 附上补充材料。

### 2.10.1 基本信息

应提供以下关于无疫小区的基本信息：

→管理无疫小区的企业名称。

→企业的详细地址。

→无疫小区负责人的姓名、职位或职称。

→无疫小区负责人的电话号码、传真号和电子邮箱。

## 2.10.2 无疫小区的定义

### 2.10.2.1 无疫小区的生产单元

→读者可参考《陆生动物卫生法典》第4.5.2条。

提供构成无疫小区生产单元的所有场所（如动物养殖场所[1;8]和相关生产单元或配套设施）清单，并补充每处场所的以下相关信息：

→场所代码。

→场所名称。

→场所位置（如可能，提供地图并界定范围）。

→场所地理坐标。

→场所主人姓名。

→场所负责人姓名。

→场所负责人的联络信息。

→场所类型。

→场所养殖生猪的种类。

→猪圈数量（如适用）。

→上次普查的生猪养殖数据（如适用）。

注：根据不同生产系统和出口商品，可将相关生产单元分为：

→为无疫小区养殖场提供物料或服务的生产单元或配套设施设备，例如：

→饲料加工厂。

→仓库及设备储存场所。

→车辆洗消中心（“洗消点”）。

→加工无疫小区养殖场生产的动物和动物产品的生产单元或配套设施设备，例如：

→屠宰场。

→二级肉类加工设施，包括分割厂和包装厂。

### 2.10.2.2 无疫小区动物亚群

#### 2.10.2.2.1 各单元最新生猪盘点数据

在提交无疫小区管理手册之日，提供无疫小区各生产环节生猪的数量。

提供各养殖场的生猪总量。

提供无疫小区所有养殖场的各类动物总数（如适用）。

**2.10.2.2.2　疫病和免疫状况**

→读者应参考《陆生动物卫生法典》第4.5.4条。

**2.10.2.2.3　无疫小区卫生状况**

根据《陆生动物卫生法典》第15.1章的规定，提供非洲猪瘟无疫状况的证据，如适用。

为便于设计和评估无疫小区非洲猪瘟内部监测系统，应说明所有生产性疫病和其他可能混淆非洲猪瘟鉴别诊断的动物疫病卫生状况和免疫状况。

对于提出的每种疫病，请说明是否在无疫小区内发生（根据动物卫生状况基线调查报告）以及是否实施了免疫接种。

2.10.2.3　无疫小区的管理

**2.10.2.3.1　功能关系**

描述无疫小区各生产单元之间的关系以及与无疫小区外部其他场所之间的关系。

描述输入物和输出物，包括：

→饲料的来源和供应。

→活体动物来源。

→遗传物质或胚胎来源。

→活体动物运输。

→无疫小区猪产品的下游供应链（如适用）。

**2.10.2.3.2　备案监管**

描述目前适用于无疫小区各生产单元的备案监管制度，例如，养殖场的授权及食品生产厂授权。

**2.10.2.3.3　现行产业计划**

描述对无疫小区各生产单元进行认证的质量保证计划，包括与食品安全和生物安全有关的农业项目、活体动物运输项目和屠宰设施项目。

2.10.2.4　管理和责任架构

介绍无疫小区建设者的企业登记注册类型，包括注册登记代码和注册地址。

证明企业有责任对无疫小区各生产单元进行管理监督。

描述企业的管理组织体系。

列出无疫小区主要管理人员和监督人员的姓名。

## 2.10.3 生物安全计划

### 2.10.3.1 物理特征

---

→读者应参考《陆生动物卫生法典》第 4.5.3 条（第 1 点）。

---

#### 2.10.3.1.1 无疫小区的空间分布

##### 2.10.3.1.1.1 无疫小区各生产单元的整体规划

绘制并描述无疫小区所有生产单元距离国家边界以及国际港口和机场的位置。

##### 2.10.3.1.1.2 与无疫小区以外其他场所的空间关系

绘制并描述无疫小区各生产单元、周边养殖场，特别是猪场的位置关系。

注：无疫小区外部其他场所可包括已知的商业及散养猪场、隔离场、猪圈、屠宰场、无害化处理场、畜禽集散点、市场、集市、农业展览会、实验室和（可能有猪出没的）垃圾处理场。

标出无疫小区与外部其他生猪饲养场之间的距离，突出最小距离。

标出无疫小区各生产单元与散养猪场之间的距离。

#### 2.10.3.1.2 地理因素

描述可能影响非洲猪瘟病毒传入无疫小区动物亚群的地理环境和生态环境，包括野猪或野化猪相关因素。

### 2.10.3.2 基础设施特征

---

→读者应参考《陆生动物卫生法典》第 4.5.3 条（第 2 点）。

---

#### 2.10.3.2.1 养殖场

##### 2.10.3.2.1.1 场地布局

###### 2.10.3.2.1.1.1 养殖场描述

描述无疫小区养殖场的整体布局（或多种养殖场的布局）：

→生物安全相关区域和出入口（如车辆洗消点）。

→养殖区和办公区。

→车辆出入口和道路，停车区。

→垃圾和死畜的贮存点和收集点。

→饲料仓。

→水、燃料和天然气等公用设施。

→化粪池。

→焚化炉（如适用）。

**2.10.3.2.1.1.2　场地布局与生物安全相关基础设施特征**

列出非洲猪瘟病毒防控基础设施的配置情况及特征，包括人员、车辆和场所中的污染物的运输管理，以及防止野猪、其他野生动物和害虫进入的措施。

**2.10.3.2.1.2　生产单元与子单元**

**2.10.3.2.1.2.1　基本功能描述**

描述无疫小区生产单元或子单元的结构及基本特征。

**2.10.3.2.1.2.2　生产单元或子单元生物安全相关基础设施特征**

描述以下基础设施的特征：

→生产单元或子单元人员通道（例如，丹麦式入口设置，更衣间和淋浴间），特别是生产单元或子单元相关生物安全区域和入口处的布局。

→生产单元或子单元物料入口处，如养殖场设备（如专用门、熏蒸室、卫生区）。

→活动物和死亡动物的进出通道。

列出生产单元或子单元非洲猪瘟病毒防控基础设施的配置情况及特征（如将生产单元或子单元与外界环境分隔的物理屏障；在生产单元或子单元出入口设置的消毒池和洗手盆）。

描述所有相关生产单元或子单元的总体布局和基础设施特征，包括以下相关特征：

→建筑物人员通道，特别是生物安全相关区域和入口的布局。

→物料入口处（如专用门、熏蒸室、卫生区）。

→动物入口处（若适用）。

**2.10.3.2.1.2.3　相关生产单元或子单元**

应建立所有相关类型的生产单元或子单元。

**2.10.3.2.1.2.4　描述相关生产单元或子单元**

描述相关生产单元或子单元的整体布局和基础设施特征，包括：

→建筑物人员通道，特别是生物安全相关区域和入口的布局。

→物料入口处（如专用门、熏蒸间、卫生区）。

→动物入口处（若适用）。

**2.10.3.2.1.2.5　与生物安全有关的基础设施特征**

列出生产单元或子单元非洲猪瘟病毒防控基础设施配置情况及特征，包括人员、车辆和场所中污染物的运输管理，以及防止野猪、其他野生动物和害虫进入的措施。

**2.10.3.2.1.2.6　文件**

📎 提供地图标示出：

→各养殖场的最新地图，列出场地布局，并明确标示：

→各类生物安全区的边界。

→入口处。

→垃圾和死畜回收箱的位置。

→停车区。

→饲料仓。

→井和水池。

→门。

→栅栏。

→与生物安全相关的车辆、设备和人员的通道。

→各生产单元或子单元的平面图，并明确标示：

→各类生物安全区的边界。

→每个入口处的分隔线（如人员通道、死猪移出区、生猪装载区、设备入口处）。

→与这些通道相关的基础设施（例如，引导栏、熏蒸室）。

→人员和设备的通道。

→各相关生产单元或子单元的最新地图，明确标示场地布局并说明（若适用）：

→各类生物安全区的边界。

→入口处。

→垃圾箱的位置。

→停车区。

→饲料储存区。

→门。

→栅栏。

→与生物安全相关的车辆、设备和人员的通道。

**2.10.3.3　功能措施**

---

→读者应参考《陆生动物卫生法典》第 4.5.3 条（第 3a 至 3c 点）

---

注：如《非洲猪瘟无疫小区建设指南》第 8.1 节所述，根据生产系统的类型、所涉及的商品和风险评估结果，也可按无疫小区类型来归纳本节内容。

**2.10.3.3.1 概况**

列出并描述风险评估中确定的每个暴露路径的风险管理措施。本节参考了内部标准操作程序文件，对每项措施进行了记录。

对于每个暴露路径，提出科学证据，证明所采取的防控措施足以防止非洲猪瘟病毒通过该路径传入无疫小区。

列出各类消毒剂的使用方法（如消毒剂种类、接触时间、稀释程度等）。

提供相关内部标准操作程序文件等补充资料。

**2.10.3.3.2 针对特定情况的其他要求**

**2.10.3.3.2.1 出口商品的性质**

应在此处描述根据《陆生动物卫生法典》从非洲猪瘟无疫小区进口猪或其产品的建议，对非洲猪瘟和相关产品采取符合要求的风险管理措施（有关商品的建议见下文）。

→读者应参考《陆生动物卫生法典》第15.1章[2]。

| 商品（条款引用） | 关于动物原产地的建议 | 其他建议 |
|---|---|---|
| 家猪及圈养野猪（第15.1.8条） | 这些动物自出生或过去至少3个月内，一直饲养在非洲猪瘟无疫小区内 | ▶ 这些动物在装运当天没有出现非洲猪瘟临床症状。<br>▶ 如果这些动物是从染疫国家或区域的非洲猪瘟无疫小区出口的，则应采取必要的预防措施，在装运前避免接触任何非洲猪瘟病毒 |
| 家猪及圈养野猪精液（第15.1.10条） | 供体公猪从出生或采集前至少3个月内，一直饲养在非洲猪瘟无疫小区内 | ▶ 公猪在采集精液当天没有出现非洲猪瘟临床症状。<br>▶ 按照第4.6和4.7章的规定收集、处理和贮存精液[91;92] |
| 家猪体内胚胎（第15.1.12条） | 供体母猪自出生或胚胎采集前至少3个月，一直饲养在非洲猪瘟无疫小区内 | ▶ 母猪在收集胚胎的当天没有出现非洲猪瘟临床症状。<br>▶ 卵母细胞受精所用的精液符合第15.1.10或15.1.11条所述条件[32]。<br>▶ 按照第4.8和4.10章相关规定收集、处理和贮存胚胎 |
| 家猪及圈养野猪鲜肉（第15.1.14条） | 整批鲜肉均源于非洲猪瘟无疫小区自繁自养的动物或根据第15.1.8或15.1.9条的规定进口或引进的动物 | ▶ 这些动物是在经批准的屠宰场屠宰的，按照第6.3章的规定进行了宰前和宰后检测，且检测结果为非洲猪瘟阴性 |

举例来说，出口生鲜猪肉的无疫小区应提供以下信息。

描述根据相关监管要求开展的屠宰场基本检测程序和非洲猪瘟专项检

测程序：

→待宰区检查。

→宰前和宰后检查（见《陆生动物卫生法典》第6.3章）。

附上相关内部标准操作程序文件等补充资料。

**2.10.3.3.2.2 无疫小区非专属生产单元或子单元**

屠宰场和二级加工厂可能并不专门加工无疫小区的猪，也可能接收和加工无疫小区外部的猪。在这种情况下，应说明这些场所采取的措施，应包包括以下内容：

---

→读者应参考《陆生动物卫生法典》第15.1.14条。

---

描述屠宰场和加工厂在接收和加工无疫小区内部和外部的猪产品时，采取了哪些措施来防止无疫小区猪肉感染非洲猪瘟病毒。

应说明加工流水线的时间间隔或空间隔离情况，即：

→接收区和待宰区的生猪隔离管理。

→猪圈，冷藏箱和生产线的卫生程序。

→不同区域和各种加工设备的清洗和消毒，包括管理情况、使用的化学品、接触时间、频率和检验程序。

→具体分离程序：屠宰、冷却、分割和加工、包装。

→上述两种来源的猪的加工程序互相切换的过程。

→猪及其产品的追溯。

## 2.10.3.4 实施和审核

---

→读者应参考《陆生动物卫生法典》第4.5.3条（第3d到3g点）。

---

**2.10.3.4.1 计划实施情况**

**2.10.3.4.1.1 生物安全和培训**

描述工作人员是如何制定无疫小区各生产单元的生物安全计划并推进其合规性的，包括工作人员的参与情况和培训情况。

**2.10.3.4.2 无疫小区各生产单元的审核**

**2.10.3.4.2.1 内部审核**

描述无疫小区建设者对各生产单元开展的审核活动，例如，审核频率、人员组成、程序、不符合项的管理。

提供审核文件等补充材料。

**2.10.3.4.2.2 外部审核**

描述由第三方对无疫小区各生产单元开展的审核活动，例如，审核频率、第三方的身份、审核人员的资格、程序、不符合项的管理。

提供审核文件等补充材料。

**2.10.3.4.2.3 维持生物安全计划**

描述审查和更新无疫小区生物安全计划的程序。

## 2.10.4 内部监测

→读者应参考《陆生动物卫生法典》第4.5.3（第3 h点）、4.5.5（第1点）、1.4.6和15.1.14、15.1.15、15.1.29、15.1.30条。

### 2.10.4.1 监测系统

详见附录8和附录9《非洲猪瘟无疫小区建设指南》。

**2.10.4.1.1 监测目的**

根据无疫小区和所在国家的现状，说明内部监测系统的目的。

**2.10.4.1.2 监测目标**

明确说明监测目标。

**2.10.4.1.3 描述内部监测系统**

详细描述内部监测系统，至少应包括以下要素：

→监测方法。

→监测对象。

→相关流行病学单元及其聚集性。

→监测的时机、持续时间和频率。

→病例定义。

→样本采集、处理和运输流程。

→诊断方法和用途。

→数据收集与管理。

→监测系统的性能评估（质量属性，如敏感性和检测时间）。

附上相关内部标准操作程序文件等补充材料。

## 2.10.5 应急计划

→读者应参考《陆生动物卫生法典》第 4.5.3（第 3 e 点）、4.5.7、5.1.4 和 5.3.7 条。

注：无疫小区应根据各自生产系统类型和相应商品选择以下计划。

### 2.10.5.1 生物安全应急计划

#### 2.10.5.1.1 生物安全体系漏洞

描述对生物安全体系漏洞的管理措施，包括：

→生物安全漏洞的定义以及风险等级。

→描述响应措施。

→说明角色和责任（养殖场经理、无疫小区经理、其他相关人员和团队）。

附上生物安全体系漏洞相关内部标准操作程序文件等补充材料。

#### 2.10.5.1.2 无疫小区各生产单元的非洲猪瘟暴露风险变化

描述对影响无疫小区各生产单元暴露风险水平事件的管理措施：

→定义。

→描述响应措施。

→描述角色和责任（养殖场经理、无疫小区经理、其他相关人员和团队）。

附上相关内部标准操作程序文件等补充材料。

### 2.10.5.2 应急响应计划

#### 2.10.5.2.1 应急准备

介绍无疫小区采用的基本应急准备程序（例如，协议、联络表、应急演练）。

#### 2.10.5.2.2 应急响应

描述应急响应计划，包括：

→紧急事件的定义。

→描述响应措施。

→描述角色和责任。

注：应急响应计划应至少包括以下紧急情况：

→无疫小区内发生疑似非洲猪瘟病例。

→无疫小区内发生确诊非洲猪瘟病例。

→威胁无疫小区完整性的意外事件（例如，自然灾害）。

附上相关内部标准操作程序文件等补充材料。

## 2.10.6 信息和文件管理

→读者应参考《陆生动物卫生法典》第4.5.3（第3 d点）、4.5.4条。

### 2.10.6.1 监测记录

描述数据收集工具和管理工具以及动物卫生监测数据的性质（如数据类型、频率、监测范围等）：

→存栏量记录。

→死亡率记录，包括死亡率分类标准（如适用）。

→发病率记录，包括未治疗时的临床症状以及观察到的临床症状（或综合征）的标准分类（如适用）。

→实验室数据记录（样本的收集、提交和检测）。

→用药和免疫记录。

### 2.10.6.2 追溯记录

→读者可参考《陆生动物卫生法典》第4.5.3条（第4点）[8]。

描述数据收集工具和管理工具以及动物标识和追溯相关数据的性质（数据类型、细节程度、电子档案存档时间等）。所有活体动物的移动情况都应包括：离开和到达无疫小区各生产单元的情况，在无疫小区各生产单元之间的移动情况。

概述动物的移动情况：

→在无疫小区内部的移动。

→进入无疫小区。

→离开无疫小区。

注：描述法规要求的相关内容以及内部追溯程序相关内容。

### 2.10.6.3 生物安全记录

#### 2.10.6.3.1 关于无疫小区具体做法的文件

描述内部标准操作程序文件的保存、管理和使用情况。

在相关章节中已提到须附上内部标准操作程序等补充材料。

#### 2.10.6.3.2 生物安全实施文件

记录持续实施和监督生物安全计划的情况，并描述这些文件的保存和管理及使用情况（如本附录上文所述）。描述收集和管理这些记录的程度（每个无疫小区生产单元或整个无疫小区）以及相关负责人。

| 未详尽的生物安全计划实施和监督要素列表。各无疫小区建设者应根据具体生物安全计划调整下表 | |
|---|---|
| →场地布局图。<br>→猪圈平面图。<br>→活体动物登记册。<br>→公猪精液接收登记册。<br>→饲料接收登记册。<br>→设备和供应品接收登记册。<br>→饲料配料记录。<br>→人员进入登记 | →虫害控制记录。<br>→建筑物检查和维修记录。<br>→节肢动物控制记录。<br>→用水卫生记录。<br>→活猪运输车辆进出登记和卫生记录。<br>→饲料运输车辆进出登记和卫生记录 |

📎 建议附上场地布局图和猪圈平面图等补充材料。无疫小区建设者应根据要求提供上述资料，以备审查或审核。

## 2.11 附录 11 非洲猪瘟无疫小区风险管理之生物安全管理制度

正如这些指南所述，非洲猪瘟无疫小区风险管理政策应能够达到利益相关者商定的非洲猪瘟病毒可接受风险水平。风险管理政策包括三部分：生物安全管理制度、监测体系和溯源体系。每一部分的设计取决于风险评估结果。后者又决定了不同的风险路径，包括在各路径上实施经济高效的风险缓解措施的步骤。生物安全管理制度包括科学优化的风险缓解措施，其目的不仅是实现生物隔离，也进行生物遏制。务必记住的是，对小区总体风险问题“每年小区对外输送的至少一个输出单元（整批动物或猪肉产品）被活性非洲猪瘟病毒感染或污染的可能性有多大?”的风险估计不是零，但应达到或低于商定的可接受风险水平。

生物安全管理制度还包括旨在防控影响猪健康和生产的一系列传染病（包括非洲猪瘟病毒）的通用生物安全措施，以及旨在防止非洲猪瘟病毒通过特定风险路径侵入的其他具体措施。

### 2.11.1 通用风险缓解措施

本节提出了无疫小区风险管理通用的非洲猪瘟病毒生物安全建议，补充了指南附录 5 和附录 12 的内容。有关更详细的信息，请查询其他资料[18;21;63;64;99]。也可使用 Biocheck. ugent 等在线工具，指导对猪场通用性生物安全进行评估。但该在线工具不是为解决某一个特定风险问题而设计的，因此只可用来补充但不能取代这些指南中介绍的方法。此外，指南中介绍的方法是满足无疫小区输出物接收人的需求所必不可少的。

#### 2.11.1.1 无疫小区的位置

为减少无疫小区内部猪亚群与其他猪亚群接触的可能性，无疫小区各组成部分应与屠宰场、肉类加工厂、生猪市场、生物安全处理场、狩猎场、垃圾填埋区、高速公路、本土猪场和野猪出没地保持合理的距离。应在无疫小区周边设置适当高度和深度的围墙（比如设置双层围栏）来加强防范。

#### 2.11.1.2 引种、替换和补栏

为最大程度地降低非洲猪瘟无疫小区的非洲猪瘟病毒风险，应对新引进生猪和替换生猪进行全面管理，包括时间、频率、期限、装卸等环节的管理。仅限于从可靠的无非洲猪瘟病毒的地方引进生猪，且必须附有卫生证书。此外，还应制定适当的清洗和消毒规程。

#### 2.11.1.3 动物尸体处置及废弃物管理

应妥善管理因处置无疫小区死猪而带来的风险，包括制定车辆清洗和消毒制度以及死猪收集管理规范。运送待处置死猪的车辆司机应进行所有相关规章制度方面的培训。确保实施污水泥浆管理制度，这有助于减少非洲猪瘟病毒再次侵入无疫小区的可能性。

#### 2.11.1.4 泔水饲喂

一般来说，无疫小区内部不得有厨余垃圾，以避免因饲喂非洲猪瘟病毒污染的食品垃圾而造成的风险。严格按照《陆生动物卫生法典》第15.1.22条所述的建议处理食品垃圾，以降低饲喂食品垃圾、厨余垃圾或其他剩菜饭而造成的风险。无疫小区是否使用泔水饲喂，取决于所在国家或地区的立法。

#### 2.11.1.5 其他风险缓解措施包括：

筛选卵子和精液等可能受污染的遗传物质

对软蜱、野猪或野化猪进行监测

记录保存、标识、溯源等

### 2.11.2 具体风险缓解措施——引进生猪传入风险评估

---

→在本节中，我们使用了附录3中的风险评估示例结果来界定应被纳无疫入小区生物安全管理制度的风险缓解措施。

---

为简单起见，我们在这里只考虑将生猪引进假设无疫小区的传入风险评估。我们使用附录3表7所示的风险路径图，界定了需要采取进一步风险缓解措施的区域。第一个问题是，总体风险估算是否处于或低于可接受的风险水平。表8显示，总体风险估算不确定性较低，是可忽略的。这表明不需要采取进一步风险缓解措施。尽管如此，建议考虑所实施的任何措施失效的可能性，以及这将如何影响非洲猪瘟病毒传入无疫小区的总体风险估计。此外，更广泛

的风险环境也可能会发生变化，例如非洲猪瘟病毒传入来源猪群。

我们以表格的形式列出风险路径各步骤与风险缓解措施之间的关系，以及它们对非洲猪瘟病毒传入风险的影响（表11）。这种演示格式有利于保持透明度，从而便于与主要利益相关者进行沟通。在下列示例中，现有措施已经有效地将总体风险降低到可接受的水平，其他风险缓解措施不会改变风险估算。但是，将每一项风险缓解行动明确定义为一项政策措施，将有助于进行审查，实施问责制和保持透明度。

**表11　使用非洲猪瘟病毒传入风险路径制定合适的风险缓解措施，最大程度地降低非洲猪瘟病毒随引进生猪传入无疫小区的风险**

| 风险路径步骤 | 可能需要的数据/信息 | 风险估计 | 不确定性 | 理　由 | 可能采取的其他风险缓解措施 | 实施其他缓解措施后的风险估计 |
|---|---|---|---|---|---|---|
| 来源猪群所在猪群(国家/地区) | 来源猪群（国家/地区）中感染非洲猪瘟病毒的猪群患病率；取决于：①国家非洲猪瘟无疫状况的证据；②监测评估报告 | 极低 | 低 | 该国从未报告过非洲猪瘟疫情，该国的非洲猪瘟监测系统敏感度较高，具备良好的早期检测能力，但其邻国存在非洲猪瘟病毒感染 | ▶ 制定仅允许无疫小区科学合理地从非洲猪瘟无疫国/领土/地区引进新猪的政策：<br>一 快速诊断检测具备足够的敏感度、及时性和代表性；<br>一 非洲猪瘟无疫的最新证据 | 无变化 |
| 来源猪群 | 来源猪群非洲猪瘟病毒患病率，取决于：①养殖场生物安管理全体系的有效性；②养殖场监测系统的敏感度；③猪卫生与生产监控系统的可靠性；④当地非洲猪瘟病毒风险 | 极低 | 低 | 来源养殖场建立了有效的生物安全管理制度，经常使用猪群卫生电子管理系统监测猪生产。养殖场或其邻近区域或接触网中没有任何非洲猪瘟病毒感染证据 | ▶ 与来源养殖场和兽医主管部门达成协议，以确保生猪来源养殖场具有科学合理的：<br>一 没有非洲猪瘟病毒的证据；<br>一 非洲猪瘟病毒快速诊断监测计划，具备足够的敏感度、及时性和代表性。<br>▶ 制定仅允许从经认证的非洲猪瘟无疫小区引进生猪的政策 | 无变化 |
| 待运输的猪群 | 已选出待运输但仍在来源养殖场的生猪的非洲猪瘟病毒患病率取决于养殖场生物安全措施的有效性 | 极低 | 低 | 养殖场实施有效的生物安全管理制度，降低养殖场各单元之间病原传播风险 | | 无变化 |

（续）

| 风险路径步骤 | 可能需要的数据/信息 | 风险估计 | 不确定性 | 理　由 | 可能采取的其他风险缓解措施 | 实施其他缓解措施后的风险估计 |
| --- | --- | --- | --- | --- | --- | --- |
| 运输前在来源养殖场隔离 | 在运输前隔离检查期间，至少有一头感染非洲猪瘟病毒的猪检测结果为阴性或临床症状未被发现的可能性，取决于：①诊断检测和临床症状检测的敏感度；②运输前隔离生物安全措施的有效性；3. 隔离期限 | 可忽略 | 低 | 在为期15d的隔离期内，密切监测猪的任何临床症状，采取严格的生物安全措施。非洲猪瘟病毒PCR检测的敏感度为99%，这将最大限度地降低假阴性结果的风险，检测所有的猪。任何感染非洲猪瘟病毒的猪在15d的隔离期内就会出现临床症状，工作人员应能够检出这些临床症状 | ▶ 与来源养殖场和兽医主管部门达成协议，以确保：<br>一 运输前，进行高度敏感的非洲猪瘟病毒检测；<br>一 有足够长的运输隔离期，如至少15d | 无变化 |
| 运输 | 所有感染非洲猪瘟病毒的生猪不出现临床症状或无死亡的可能性；取决于：①运输期限；②临床症状检测的敏感度 | 低 | 中等 | 生猪运输6h，运输人员在装货时、运输期间和卸货时密切监测生猪。但是对于一头最新感染的猪来说，这段时间太短，还没有出现临床症状 | ▶ 制定鼓励运输人员报告疑似病例的政策<br>▶ 有关无疫小区运输人员和车辆的专项政策 | 无变化 |
| 引进小区前隔离 | 在引进无疫小区前隔离期间，至少有一头感染非洲猪瘟病毒的猪检测结果为阴性或临床症状未被发现的可能性；取决于：①诊断检测和临床症状检测的敏感度；②运输前隔离生物安全措施的有效性；③隔离期限 | 可忽略 | 低 | 在为期15d的隔离期内，密切监测猪的任何临床症状，采取严格的生物安全措施。检测所有的猪。非洲猪瘟病毒PCR检测的敏感度为99%，这将最大限度地降低假阴性结果的风险。任何感染非洲猪瘟病毒的猪在15d的隔离期内就会出现临床症状，工作人员应能够检出这些临床症状 | ▶ 制定确保足够长的引进无疫小区前隔离期限的政策：<br>一 落实到位，比如至少15d；<br>一 持续实施。<br>▶ 制定确保对引进无疫小区前隔离的猪只进行高度敏感的非洲猪瘟病毒检测的政策 | 无变化 |

## 2.12　附录12　结果导向型非洲猪瘟无疫小区标准示例

虽然指南不是规范性文件，但本附录概述了更具体的操作规程，这些操作规程着眼于以结果为导向的生物安全概念，提出了非洲猪瘟无疫小区须遵守的标准和规范。根据《陆生动物卫生法典》第 4.5.2 和 4.5.3 条的规定，本节从各出版资料中摘取了一些示例，其中包括维持无疫小区生物安全状况的物理因素、空间因素和基础设施因素以及无疫小区各单元流行病学隔离因素。如上文所述，无疫小区建设者必须针对具体情况明确、详细地定义这些因素。

这些操作规程结合了同行评议的灰色文献以及 FAO 和 WOAH 政策，遵循了生物安全管理最佳做法。但是，无疫小区管理者和其他利益相关方还应查询其他生物安全做法，以及咨询专家建议，确保其无疫小区最适合其具体情况[18;21;64;100]。

无疫小区建设者还可以使用 Biocheck. ugent 等在线工具对猪场通用性生物安全进行评估。本附录并非针对某一特定风险问题，仅可补充但不能取代这份指南中介绍的方法。这一点对于达到无疫小区输出物接收人的需求来说，是至关重要的。

请注意，本附录仅列出一系列基于结果的标准示例，不应将这些示例作为最佳做法。

## 2.12.1 无疫小区结构及物理屏障要求

→无疫小区的基础设施、采取的管理措施和生物安全措施必须能够确保无疫小区场所与其周围环境分开。

### 2.12.1.1 场所位置

→非洲猪瘟无疫小区应远离野猪和散养家猪或野化猪的栖息地或垃圾处理区。丘陵、山脉和河流有助于降低病毒感染、传播风险[101]。

→无疫小区 3km 半径内最好没有任何猪场[25]。如果很难实现，无疫小区建设者必须在进行风险评估和采取风险管理措施时，考虑该范围内的猪场。

→无疫小区 1km 半径内不得有污泥堆、垃圾堆/堆填区、禽畜、主路及屠宰厂或无害化处理厂[25]。

→无疫小区不得靠近可能滋生蜱虫的植被区，例如沼泽和灌木区。如果在此类植被区附近发现蜱虫，则必须采取措施确保完全消除所有非洲猪瘟病毒风险[101]。

### 2.12.1.2 场所布局

→非洲猪瘟无疫小区各单元应明确划分人员和访客净区和污区，这也适用于更衣间和淋浴间以及无疫小区周边的所有区域[101]。

→应在非洲猪瘟无疫小区四周设置牢固的围栏和封闭的入口，以控制人员、访客和车辆的进出[25]。无疫小区各单元应设有独立的围栏并配备相应清洗和消毒设施。

→应在非洲猪瘟无疫小区、生产单元、子单元入口设置生物安全围栏。应在主入口配备上锁的安全门、报警器和双向交流系统，以使访客和工作人员沟通交流[25]。

→应在远离生物安全区的围栏外部设立停车区，并且设计时必须考虑来访车辆和农用车辆之间的交叉感染风险[4]。

→必须在大门或停车区设置清晰的标志，标示经批准后经由中央签到区进入无疫小区等信息[25;101]。

→非洲猪瘟无疫小区各单元最好只有一条入口通道和一个集中签到办公室，该办公室应靠近四周和入口处，但远离生物安全区[25]。

→非洲猪瘟无疫小区的办公区、饲料贮存区和隔离单元应靠近入口处，并远离主要畜群饲养栏[25;101]。

→最好能够使运输车辆在不进入非洲猪瘟无疫小区或其附属单元场地的情况下装卸货物。如果很难实现，应将装卸区设置在距离生物安全区至少 20m 外的地方[101]。

→动物尸体运输车辆不得进入无疫小区。

→无疫小区猪场的公猪栏或配种区应远离入口处，其次是孕母猪栏、产仔栏、断奶栏、育肥栏，最后是待售猪栏，上述场所之间应保持合理间距和/或互相分隔[102]。

→无疫小区各生产单元必须考虑到生物安全，且必须在其入口处设有洗脚池[101]。

→必须在生物安全区入口处配备更衣室和卫生设施，包括淋浴室。物理屏障包括一系列房间的，必须通过淋浴室才能进入生物安全区[25]。

#### 2.12.1.3 建筑物

→非洲猪瘟无疫小区或其生产单元或子单元内部的所有建筑物必须由坚固的防潮建筑材料建成，能够进行清洗和消毒[36]。

→如果可能的话，非洲猪瘟无疫小区内部的所有设施之间必须有封闭通道。如果没有，必须在每个建筑物的入口处设立独立的卫生设施[25]。

→必须在无疫小区内部所有出入口和场所之间的步行区设立混凝土护栏[25]。

→非洲猪瘟无疫小区内部建筑物的下水道和通风口必须能够防止啮齿动物和害虫[25]。

→应将非洲猪瘟无疫小区专有和管控的车辆以及机械设备放置在无疫小区内部。访客、雇员和顾问的车辆必须停放在外面[25]。

→必须在无疫小区或其单元内设有专用清洗设施，用于清洗所有使用过的车辆和重型机械。该设施应密闭，可加热，照明良好，墙体表面铺设混凝土[25]。

→清洗和消毒车辆的机械设备必须能够自由进入车辆/机械遮挡区，能够有足够的水压来清除泥土，并备有消毒剂[25]。

→为避免饲料溢出，必须在非洲猪瘟无疫小区场所安装料斗和分料系统用来贮存和分发饲料，且定期维护[25]。无疫小区建设者开展综合风险评估时应考虑上述因素[36]。

→制定管理制度，规定工作人员应关闭无疫小区的大门或不得无人看管[36]。

→制定管理制度，规定防止野猪或野化猪或其他传播媒介引诱物堆积（例如，溢出的饲料和暴露的尸体）[36]。

## 2.12.2 输入物控制

### 2.12.2.1 饲料

→无疫小区内禁止泔水喂养并有相应的程序和规章制度[103]。

→无疫小区饲料的来源应干净、没有非洲猪瘟病毒，用干净的卡车运输，并确保所有饲料的配方都是适当的，以满足所有宏观和微观营养需求，避免任何有害健康的影响[22]。

→饲料供应商应实施危害分析与关键控制点计划（HACCP），以确保产品质量，明确规定生产工艺。饲料供应商应获得国际标准组织认证，如 ISO 9000，应说明生产实践中验证了高标准，是可行的[22;36]。

→无疫小区建设者应要求饲料供应商提供有关程序/检测（例如，检测程序和检测频率）的相关资料，以证明原料未被污染[22]。

→无疫小区建设者应制定定期检测饲料样品的制度[22]。

→应制定规章制度规定如何在无疫小区适当条件下储存饲料以防潜在污染[36]。

→应按照规定的程序清除所有溢出的饲料[53]。

### 2.12.2.2 猪

→应从没有非洲猪瘟病毒的地方引进猪，并使用干净的卡车运输，在装载猪前，应对车辆进行消毒。使用专用车辆将猪运到养殖场，这意味着车上所有猪都是运往同一养殖场。应制定程序核实并确保来源地和运输过程中没有非洲猪瘟病毒感染[22;36]。

→应建立记录和追踪所有引进猪的来源和运输情况的系统[36]。

→从无疫小区外部引进的猪，在运往无疫小区之前应进行隔离和检疫。检疫设施应与无疫小区其他区域保持适当的物理距离，并在引进猪之前进行彻底清洗和消毒。应明确规定并记录生猪检疫和验收完成情况。建议外引猪至少隔离 30d[22;32;36]。

→在隔离期间，应对外引猪进行实验室检测，以证明猪的非洲猪瘟无疫状况。建议在开始隔离至少 21d 内进行病毒学和血清学检测，且结果应为阴性[22;36]。

→在整个隔离期间，隔离场工作人员不得直接接触无疫小区其他区域的猪或人员，他们还应穿专用工作服和靴子，并配备其他设备，不得在无疫小区其他区域使用上述装备[22;36]。

#### 2.12.2.3 垫料

→应明确规定垫料的种类以及明确的生产工艺规范，垫料的来源干净，不得感染非洲猪瘟病毒，且使用干净的卡车运输[22;36]。

→无疫小区建设者应要求垫料供应商提供有关程序/检测（如检测程序和检测频率）的相关资料，以证明原料未被污染[22]。

→无疫小区建设者应制定定期检测垫料样品的制度以防潜在污染[22]。

→应制定规章制度规定如何在无疫小区适当条件下储存和检测垫料以防潜在污染[22]。

#### 2.12.2.4 水

→不得任意使用地表水，应使用处理过的水或城市供水[53]。

→饮用水氯化处理，并进行常规检测，以监测氯化处理的有效性（可使用游泳池清洗工具包）[22]。

→为防止疫病传播，最好使用独立奶嘴饮水器而不是杯形饮水器[22]。

#### 2.12.2.5 其他输入物

→其他输入物的来源干净，没有非洲猪瘟病毒，并使用干净的卡车运输，应在生产过程中明确标明输入物的种类[22;36]。

→无疫小区建设者应要求其他输入物供应商提供有关程序/检测的相关资料（例如，检测程序和检测频率），以证明原料的来源未被污染[22]。

→无疫小区建设者应制定定期收集相关样本的制度[22]。

→应制定规章制度规定如何在无疫小区适当条件下储存各种输入物以防潜在污染[36]。

### 2.12.3 内部生物安全

#### 2.12.3.1 猪的卫生管理

养殖场食品安全计划关于猪病和生产管理的规定，应遵循生物安全原则，以提高：

→消费者对食品供应质量和安全的信心。

→健康动物的生产力。

→动物福利。

→猪肉生产商的效率和赢利能力。

生物安全包括三个元素：生物隔离，生物遏制和生物管理。无疫小区的目标是确定这三大元素是如何纳入生物安全计划的[25]。

在生物安全计划中应使用危害分析与关键控制点的方法（HACCP）。根据科学的实地试验方法、同行评议的出版物和在该领域的经验来确定关键控制点。在危害分析的早期阶段，应与所有工作人员进行充分访谈和交流，尽量减少忽略关键控制点的可能性。

#### 2.12.3.2 全进全出法

→如果生产系统允许，在生产的每一阶段（如断奶期、产仔期、育成期和育肥期），应以全进/全出的方式将无疫小区内同一年龄、同一时期（即同一批次）的猪作为单独一组进行运输。当组成特定批次时，幼猪不得与老猪混合，反之亦然。

→应对每批猪的围栏或猪圈进行彻底清洗和消毒。建议使用高压喷射热水和洗涤剂进行清洗和消毒。如有可能，在引进下一批猪前，有关设施应保持完全干燥，并应空置2～3d。应考虑非洲猪瘟病毒在高压水中产生气溶胶的可能性[18;25]。

#### 2.12.3.3 彩色编码设备

→通过不同颜色特定区域来区分不同批次的猪。例如，产仔区应该有特定颜色的刷子和铲子（如红色）。通过这种方法，可立即观察到违反标准操作程序的做法[26]。

→在每个区域穿不同颜色的靴子可降低病原体通过粪便传播的风险。使用这种方法很容易发现在错误区域穿着错误颜色的靴子等人为错误。

#### 2.12.3.4 清洗和消毒

→在使用任何消毒剂之前，都应进行初步清洗。应使用清洗剂溶液进行机械清洗，以清洗受污染的表面和物体，从而有效地消毒[104]。

→应根据制造商的指示，使用新配制的消毒剂溶液，并留出足够的消毒时间，从而有效地消毒[104]。

→必须制定关于所有场所、车辆和设备的清洗和消毒规章制度[25]。

→可按下列程序对动物圈舍进行日常清洗和消毒：

（1）清除场所地面和墙壁上的大块粪便、垃圾、污垢和灰尘以及拆卸设备。

（2）用合适的洗涤剂浸泡和预洗圈舍和设备。建议使用高压喷水器清洗猪圈。使用热水可加快清洗过程。清洗过程中必须清除所有可见的污垢和粪便。清洗后要有足够的干燥时间。

（3）使用合适的非洲猪瘟病毒消毒剂，如下所示，对场所地面和墙壁以及设备进行消毒。根据所用消毒剂的类型，留出足够的消毒时间使消毒剂发挥效果，然后干燥。存在有机物质的情况下，应优先使用有效的消毒剂。

（4）尽可能使猪圈空置2～3d[18]。

→应编制书面说明书，说明如何对特定区，设备和/或设施使用合适的消毒剂。推荐以下非洲猪瘟病毒消毒剂[36;104]：

一 氯（次氯酸钠）。

一 碘（三碘四甘酸钾）。

一 季铵化合物（二癸基二甲基氯化铵）。

一 气相氢过氧化物（VPHP）。

一 醛（甲醛）。

一 有机酸。

一 氧化酸（过氧乙酸）。

一 碱（氢氧化钙和氢氧化钠）。

一 乙醚和氯仿。

#### 2.12.3.5 虫媒控制

→钝缘软蜱是非洲猪瘟病毒的载体，因此，这对无疫小区建设者来说是一种生物安全风险。应进行综合害虫管理，以消灭无疫小区内的蜱虫[22]。

→确保所有易感猪所在围场是干净的，没有灌木丛和长草，以减少接触蜱虫的风险[105]。

→进行日常检查，密切监测猪，特别是在蜱虫繁殖季节（主要是夏季），以防任何蜱虫感染[105]。

→如果无疫小区有蜱虫，按照《陆生动物卫生法典》第1.5和15.1.33章的规定采集蜱虫样品监测非洲猪瘟[32]。

#### 2.12.3.6 工作人员

→所有工作人员都应严格遵守标准操作程序，并熟悉关于非洲猪瘟病毒的生物安全管理概念。

→应定期培训，召开工作人员讨论会。为有效实施标准操作程序，建议每年定期召开全体会议，所有员工均应参加[25]。

→必须定期对生物安全完整性进行自我评估[25]。

→在对工作人员进行入职培训时，应强调关键控制点[36]。

→应考虑工作人员的态度，以确保生物安全计划的有效实施。有必要积极主动地开展活动，确保工作人员自觉有效地遵守已制定的生物安全计划[24]。

→制定工作人员培训计划，以确保所有工作人员清楚了解以下情况[25]：

→生物安全标准操作程序的目标。

→工作场所接触猪的风险。

→加强生物安全与动物生产性能、最大限度减少疫病、减少死亡、减少经济损失，降低药物成本和改善猪肉链的质量保证之间的联系。

→生物安全规则不允许任何讨价还价。

→对忽视和无视生物安全规则零容忍。

→运行监测系统，确定工作人员是否严格遵守生物安全程序。

→定期进行审核，以监测生物安全程序的实际执行情况。

→是否有篡改迹象或擅自进入猪生产区和猪场的行为。

→针对任何令人担忧的、可疑的活动和/或异常疫病迹象或不明原因死亡的报告机制和系统。

→鉴别畜群疫病征兆的方法。

→食品规则应明确禁止工作人员在猪可能意外接触到人类食品的任何区域进食[22;25]。

#### 2.12.3.7 人员进入及人员流动

→经批准的人员完成卫生处理程序后，如淋浴和彻底更换衣服和靴子后，方可进入无疫小区[22;53]。

→经批准的人员在进入无疫小区前应遵守协议和程序，并符合雇佣协议或合同协议规定的所有生物安全要求[53]。

→必须有访客记录，以跟踪场所的人员流量[53]。所有访客在进入无疫小区前24h内不应接触无疫小区外部的其他猪或猪产品，并应遵守无疫小区已制定的关于进入无疫小区的规程和程序以及禁止携带个人物品和食品的政策[36]。

→制定程序，以鉴别无疫小区各区域的工作人员及其能够或不能进入的无疫小区相应区域[36]。

→应提供工作人员洗脚盆、洗手池或洗手消毒设施使用说明，防止疫病的传入或感染，并说明消毒剂/杀菌剂的种类、浓度和更新要求。

#### 2.12.3.8 可重复使用的设备

→应规定有关设备名称以及相应清洗和消毒程序的张贴位置和详细规定[36]。

→应说明设备消毒后和使用前的存放地点和方法，以防止污染[36]。

### 2.12.4 运输

#### 2.12.4.1 装货区

→应仔细考虑装货区的名称和位置，以确保装卸猪或其他饲料的任何车辆都停在无疫小区单元污道的一侧[22]。

→装货区必须易于清洗和消毒。工作人员应在当天工作结束时清理装货设施，以便不需要在当天再次进入[22]。

→猪运输人员不得接触其他养殖场工作人员或无疫小区内的猪场[3]。

#### 2.12.4.2 车辆

→无疫小区专用车辆。

→建议使用专用车辆完成各类工作[22]。

→送货卡车最好在不进入养猪场地的情况下卸货[25]。

→运猪车辆和其他车辆在每次使用前和使用后都必须进行清洗和消毒。卸猪的回程货车在离开场所前必须清洗及消毒[25]。

→应指定车辆消毒设施的位置。如车辆必须进入生产区，则须在指定区域对轮胎、泥板及轮罩和货厢进行消毒[36]。

→建议采取以下运输车辆清洗和消毒程序：

（1）在进入清洗区之前，彻底清除垫料和大碎片。

（2）使用洗涤剂疏松碎屑，减少洗涤时间。应使用低压水枪用洗涤剂冲刷整个车辆，并留出一些时间来疏松碎屑，但不要让洗涤液变干，否则会更难冲洗。

（3）从上到下开始冲洗和清洗车辆以及驾驶室。

（4）从前到后冲洗和清洗车辆平板，从平板顶部到下部进行冲洗，每次装卸完毕后，所有车辆和设备区包括卸料坡道、分拣板、轮叶和制动装置都应彻底清洗。

（5）将车辆内外冲洗干净后，使用适当稀释率的消毒剂，留出足够的消毒时间。使用低压水枪由里到外喷洒消毒剂。

（6）清洗驾驶室内部，包括清洗和消毒地垫。

（7）消毒后，把卡车停在斜坡上，排出残留的水。留出足够晾晒时间[22]。

→应规定车辆消毒使用的消毒剂的种类和浓度[22;36]。应制定规章制度规定并控制司机可进入的区域[36]。

→司机到达后，应联系无疫小区经理，禁止直接或间接接触猪[25;36]。

→如果送货司机必须进入无疫小区，应在进入场所之前和之后都必须遵守所有生物安全程序[25]。

→必须保存适当的记录，包括现场去污/消毒以及所有车辆来访记录，其中应记录来访日期和时间、车辆牌照、驾驶员姓名等详细信息[36]。

→动物尸体或生物废料运输车辆不得用于运输生猪或猪产品，除非经过适当清洗和消毒[53;106]。

### 2.12.5 输出物控制

#### 2.12.5.1 养殖场

→应经常清点猪存栏数，建立记录系统，记录猪的运输情况，包括相关养猪单元的数量、相关猪的数量及交付日期[25;107]。

→应准确标识猪，确保生产记录和供应链追溯。应使用永久标识，标识应易于使用、无痛、清晰易读且防篡改。通常使用的方法包括猪耳朵切口、刺青、加标签或在猪身上做标记（如扇形标识）[18]。

→运抵屠宰场之前，所有猪的每条腿上都应文上适当的编号，标明原产地。刺青的位置要合适，屠体脱毛后悬挂在屠宰线时，其刺青应清晰易读[107]。

#### 2.12.5.2 屠宰场

→屠宰场应随时确保适当的隔离（例如，时间隔离或空间隔离），以便将无疫小区内外的猪分开加工。

→屠宰场应直接接收无疫小区的猪。屠宰场应与每名承运人签订运输协议，协调屠宰猪的运输。承运人应在运输过程中保存动物的起运地、目的地和货主等信息[107]。

→同一猪场的猪应关养在指定编号的猪圈内，以避免不同猪场的猪混在一起。应进行宰前检测，并公布生猪的卫生状况[107]。

→宰后兽医检查后，应在屠体的主要部位加盖官方印章并附上授权编号以作证明[107]。

→屠宰后，应发布标准公告，告知无疫小区经理每头猪的标识编号、屠体重量、瘦肉率和兽医检查结果[107]。

→应采取措施防止非洲猪瘟病毒交叉感染，如限制动物装卸和屠宰之间的时间间隔，以及在屠宰后加工过程中严格隔离猪肉产品[27]。

#### 2.12.5.3 肉类加工

→应采取适当措施，如系统性的标记、合理编码和使用电脑等，确保原产地无疫小区的追溯[107]。

→应确定已分类产品的组或批次，并记录批次内原产地屠体的屠宰编号[107]。

→根据肉类加工的不同阶段，应在猪肉表皮或包装上标注清晰可见的各批次供货无疫小区标识编号[107]。

#### 2.12.5.4 垃圾处理

→应将所有生物垃圾或可食用动物垃圾装入密封容器内，直至焚化或清出无疫小区，以确保不会引诱野猪或其他害虫[36]。

→应根据 WOAH《陆生动物卫生法典》第 4.13 章的规定，制定死亡动物处理程序和规章制度[2]。

→应每天按照生物安全计划和当地环境法规处理死亡动物和生物垃圾[53]。

→应制定储存待尸检、焚化或处置的死猪及其他生物垃圾的规定[36]。

→应制定清除猪粪污染的程序和规章制度。推荐方案示例如下：

→在－10～0℃的温度下，每立方米液体猪粪加入 40～60 升 40％消石灰溶液。

→在 0～10℃的温度下，每立方米液体猪粪加入 16～30 升 50％氢氧化钠溶液。

→在化学消毒前、消毒期间和消毒后 6h 搅拌猪粪。猪粪应至少暴露在化学品中 4d，最好是 1 周[22]。

# CHAPTER 3

# 3 无疫小区建设实践应用：成员经验

# 3.1 附录13 国家无疫小区建设经验

WOAH选择了部分成员发放有关无疫小区建设经验的问卷。下表总结了部分成员的答复，以供参考：

| 国家 | 加拿大 | 巴西 | 南非 | 泰国 | 英国 | 智利 |
| --- | --- | --- | --- | --- | --- | --- |
| 无疫小区背景信息 | | | | | | |
| 目标商品 | 鲑科种质 | 家禽种质 | 猪和猪肉 | 家禽及家禽产品 | 家禽种质 | 猪肉 |
| 目标疫病 | 针对各种鲑科致病病原，如鲑传染性贫血（ISA）、病毒性出血性败血症（VHS）、传染性造血器官坏死（IHV）、传染性胰腺坏死（IPN）、鲑甲病毒（SAV） | 新城疫（ND）及禽流感（AI） | 非洲猪瘟（ASF）、古典猪瘟（CSF）、猪繁殖与呼吸综合征（PRRS）和口蹄疫（FMD） | 禽流感（AI） | 新城疫（ND）及禽流感（AI） | 口蹄疫（FMD）、古典猪瘟（CSF）、非洲猪瘟（ASF）和奥耶斯基氏病（伪狂犬病） |
| 建立无疫小区的主动性及其好处 | | | | | | |
| 无疫小区建设的发起部门 | 私营部门 | 官方机构和私营部门 | | | | |
| 建立无疫小区的动机 | 尽管已采取生物安全措施防止疫病的传入，但仍存在规定疫病，导致水产品无法进入出口市场 | 家禽生产链安全贸易的连续性，对于在发生卫生危机时维持其功能至关重要 | 使该国非洲猪瘟传统流行地区的农民能够进入国内生猪和猪肉市场。如该国其他地区暴发疫情，能够继续通过无疫小区进行国际贸易，特别是进行区域性贸易 | 应对禽流感疫情对家禽业造成的不利影响，避免禽肉出口受阻 | 在可能发生须通报禽流感或新城疫疫情时，能够维持战略贸易，向贸易伙伴不断供应种禽 | 维持高标准的动物卫生管理水平，确保生产和出口的连续性，以防止任何外来动物疫病的传入 |

（续）

| 国家 | 加拿大 | 巴西 | 南非 | 泰国 | 英国 | 智利 |
|---|---|---|---|---|---|---|
| 目标商品 | 鲑科种质 | 家禽种质 | 猪和猪肉 | 家禽及家禽产品 | 家禽种质 | 猪肉 |
| 实施国的国家无疫小区建设计划/监管制度 | | | | | | |
| 启动过程 | 在与鲑养殖业协商后，加拿大在兽医主管部门的监督下，根据《陆生动物卫生法典》第4.1章和第4.2章的规定，制定了具体的国际贸易无疫小区建设计划 | 通过一系列主要涉及家禽业及其主要代表（即巴西家禽业联盟）的技术会议，建立了无疫小区认可的监管基础 | 为维护出口贸易，兽医主管部门应当就紧急、自愿实施无疫小区建设措施，事先与生猪饲养产业开展协商，动物卫生署署长依法在《兽医程序公告》（VPN）上公布无疫小区的相关要求 | 泰国畜牧发展部（DLD）发布了一项关于在商业化家禽养殖业中实行无疫小区建设的公告。任何家禽养殖企业如欲设立禽流感无疫小区，须与DLD签订谅解备忘录（MOU）。DLD成立专项委员会，参考WOAH指南，制定建立和实施禽流感无疫小区的要求 | WOAH将无疫小区的概念纳入《陆生动物卫生法典》后，欧盟公布了第616/2009号条例，为所有欧盟成员建立无疫小区提供了法律基础 | 无疫小区建设者聘请专业公司来开发无疫小区，专业公司根据WOAH标准制定方案。与此同时，官方兽医机构（OVS）制定了建立、发展和认证无疫小区的通用规则。由于这是智利第一个无疫小区，智利官方也邀请WOAH核实其是否符合相关标准 |
| 监管制度的制定过程 | 加拿大食品检验局（CFIA）根据WOAH标准与私营企业协商后，制定无疫小区建设计划，不需另行修改具体立法 | 为在巴西建立无疫小区而制定具体的立法，得到了WOAH的支持。巴西官方随后拟订了一份技术文件，作为现行立法的基础 | 由政府发布兽医程序公告，以确定风险路径和缓减措施的考虑范围，然后咨询兽医，以评估其实用性。兽医主管部门就VPN草案与私营部门进行了磋商；所有投入都必须附有科学依据和（或）有等效实用的替代办法 | 有关详情见《家禽养殖场建立须通报禽流感（NAI）无疫小区的原则》（TAS 9038—2013） | 实施欧盟法规后，以WOAH《陆生动物卫生法典》和欧盟法规为指导，成立了一个公私合作工作组来制定英国标准。建立了两套不同的无疫小区批准要求，即欧盟标准和英国强化标准 | 官方兽医机构（OVS）参考WOAH《陆生动物卫生法典》相关章节（2012年第8309号决议）制定了一项特别规定。根据这项规定，制订了书面评审和现场评审的内部程序以及审核准则 |

（续）

| 国家 | 加拿大 | 巴西 | 南非 | 泰国 | 英国 | 智利 |
|---|---|---|---|---|---|---|
| 目标商品 | 鲑科种质 | 家禽种质 | 猪和猪肉 | 家禽及家禽产品 | 家禽种质 | 猪肉 |
| 公私伙伴关系（PPP） | | | | | | |
| 如何促进公私合作和行业参与？ | 努力确保私营部门参与的时间与其工作量相匹配。例如，私营部门协商的日程考虑到了时区、繁殖季节等因素 | 政府允许私营部门参与制定无疫小区相关"规则"。针对具体案例成立了工作组，成员包括来自官方机构和私营部门的代表以及有意制定标准规范和建立无疫小区的公司 | 私营部门对动物疫病流行地区养殖场的要求推动了无疫小区的建立，因此，暴发古典猪瘟和猪繁殖与呼吸综合征后，将其推广到全国其他地区相对容易。总的来说，无疫小区的建立加强了生猪饲养产业与政府的合作，因为此举是互惠互利的 | 家禽养殖业代表加入相关委员会，以制定须通报禽流感无疫小区建设与运行的相关要求 | 官方机构与私营部门保持定期对话，以确保无疫小区建设计划取得成功。随着新贸易伙伴对无疫小区建设的认可，双方间对话与联合工作也在持续进行，同时对该计划进行审查，以便不断改进 | 官方兽医机构支持根除外来动物疫病、维持卫生状况和开放生猪贸易的进程。国家和企业已经为无疫小区产品打开了市场。虽然建立无疫小区是生猪饲养企业发起的，但官方兽医机构认为这是其动物卫生和商业战略的一部分，同时也是无疫区建设的一部分 |
| 主管部门批准和维持的境内无疫小区 | | | | | | |
| 无疫小区的监督和审核 | CFIA 开展流行病学评估，以确定无疫小区的检查和监测频率，并维持无疫状况。每个无疫小区都有一名专业检查员。使用标准化检验表格和其他文件记录无疫小区信息，并在执行标准和检验程序方面与国际标准保持一致性 | 至少每年审核一次，并使用审核计划中专门制定的检查清单。审核小组由联邦和州公共部门的专业人员组成，他们通过公开招标选拔，专门从事动物卫生或植物卫生领域的检测和审核工作 | 每家企业均指定一名猪病专业私人兽医进行定期卫生监测，并协助执行生物安全措施、保存记录和监测工作。所有这些措施都在当地官方兽医的监督下进行，官方兽医应定期检查养殖企业，并向国家兽医主管部门报告相关信息 | 认证有效期为3年。在此期间，DLD 审核小组每年至少审核无疫小区一次，以确保其符合无疫小区标准。DLD 审核小组编制并使用各类无疫小区检查表。被审查的无疫小区必须在规定时间内纠正审核中发现的不符合项，否则将暂停或取消认证 | 动植物卫生机构（环境、食品和农村事务部的执行机构）根据标准操作程序和检查清单进行定期审核和认证 | 无疫小区所属的企业实施了内部审核系统，并将其作为无疫小区管理的一部分。由国家和地区级专家进行初始审核，随后是定期进行年度审核 |

（续）

| 国家 | 加拿大 | 巴西 | 南非 | 泰国 | 英国 | 智利 |
|---|---|---|---|---|---|---|
| 目标商品 | 鲑科种质 | 家禽种质 | 猪和猪肉 | 家禽及家禽产品 | 家禽种质 | 猪肉 |
| 面临的挑战 | 加拿大各地的鲑疫病卫生状况有所不同，因此必须针对加拿大境内不同地区的无疫小区进行监测 | 无疫小区登记申请数量可能超过主管部门可提供直接服务的能力 | 缺少官方兽医，一些官方兽医在猪群卫生方面的专业知识有限 | 有时将一家企业认证无疫小区内的家禽养殖区承包给另一家企业（即承包养殖） | 如何确保审核的一致性 | 人员培训和无疫小区建设标准相关法规带来的挑战 |
| 采取的应对措施 | ▶ 制定监测计划的标准化方法。<br>▶ 有决策记录，概述了每个无疫小区的监测和检测频率。<br>▶ 无疫小区认证信函中记录了相关信息。<br>▶ 为保持透明度，CFIA 的网站公布了所有无疫小区的动物疫病状况 | 使用第三方机构的认证作为国内无疫小区认证及其维护的先决条件 | 委派官方兽医替代人员或授权私人兽医作为签约的猪病专业兽医，提供现场援助 | 免除无疫小区定期监测，实施持续监测。在这种情况下，由于已经更换了无疫小区经理和公司，DLD 在认证新无疫小区之前，对相关养殖场的生物安全管理系统和追溯系统进行审核 | 需要不断对参与无疫小区审查和审核的工作人员进行培训，以确保审核工作的一致性。这是一项需要政府重复处理且耗时的任务，同时也需政府不断寻求改进这方面问题的方法 | 根据 WOAH 指南，已经制定了建立、运营和认证无疫小区的基本规则，并为无疫小区发展进行了人员培训 |

## 3.2 附录 14　获得贸易伙伴对无疫小区的认可：成员经验总结

WOAH 选择了部分成员发放关于无疫小区建设经验的问卷。下表概述了部分成员就获得其贸易伙伴对其无疫小区认可的经验给出的答复，以供参考：

| 国家 | 加拿大 | 南非 | 英国 |
|---|---|---|---|
| 目标商品 | 鲑科种质 | 猪和猪肉 | 家禽种质 |
| 启动认可程序 | 无疫小区建设者申请开拓出口市场，从而启动这一程序。加拿大食品检验局（CFIA）就将无疫小区作为货物出口认证的替代方法进行谈判，例如提议“认可国家、地区或无疫小区不存在物种的易感疫病” | 兽医主管部门负责与贸易伙伴进行沟通。一旦建立了无疫小区系统，就启动谈判。在此方面已开展了大量保证性工作，包括《兽医程序公告》（VPN），其中规定了对无疫小区的贸易要求 | 双边贸易谈判始终围绕着寻求对家禽无疫小区的认可。它是无疫区建设的补充，可由英国政府或进口国（地区）政府提出，为这一具有重要战略意义的商品的持续贸易提供“最后手段” |

（续）

| 国家 | 加拿大 | 南非 | 英国 |
| --- | --- | --- | --- |
| 目标商品 | 鲑科种质 | 猪和猪肉 | 家禽种质 |
| 贸易伙伴关注的主要问题以及解决这些问题采取的行动 | 贸易伙伴关注的主要问题：<br>▶ 国家兽医主管部门对无疫小区的监督。<br>▶ 经认可的无疫小区卫生状况的批准和维持程序。<br>解决这些问题采取的行动：<br>▶ 提供国家政策、程序和国家标准供审查。<br>▶ 可进行无疫小区现场审核以及无疫小区建设计划审核。<br>▶ 一些国家可能会要求包括非 WOAH 名录疫病。对此，CFIA 对 WOAH 监测相关内容进行了调整，纳入了这些疫病 | 贸易伙伴关注的主要问题：<br>▶ 确保生物安全措施“符合要求”，且产品对疫病传入进口国（地区）内畜群的风险很小。<br>▶ 无疫小区系统外部的产品可能造成的污染。<br>解决这些问题采取的行动：<br>▶ 根据最新科学知识，提供科学支持和证据，保持最大的透明度 | 贸易伙伴关注的主要问题：<br>▶ 连贯性的无疫病状况证明。<br>▶ 无疫小区系统是否符合相关标准以及为此提供的任何保证。<br>解决这些问题采取的行动：<br>▶ 贸易伙伴欢迎进行集中疫病检测，以确保有连贯性的无疫病状况证明。<br>▶ 贸易伙伴还要求中央兽医主管部门制定高级审核标准，以强化无疫小区系统 |
| 如何与贸易伙伴起草协议以及协议中应包含要点 | 与每个贸易伙伴商定具体的国家动物卫生证书。证书应包括以下要点：<br>▶ 出口产品来自基本符合 WOAH 生物安全条件的国家。<br>▶ 国家水生动物卫生总体计划涵盖所有经认可的无疫小区。<br>▶ 在经批准的实验室完成所有检测 | 一经达成协议，无疫小区就成为卫生认证的一部分。<br>兽医主管部门网站上公布了无疫小区名单，并定期更新，以使贸易伙伴方便快捷地查阅最新名单 | ▶ 对大多数国家来说，“协议”意味着在经双方同意的出口卫生证书中包含无疫小区选项。<br>▶ 一些国家倾向于同意包含无疫小区建设计划的“协议”。<br>▶ 很少有独立的正式“协议”文件——国际协议可能会给一些国家带来法律挑战 |
| 成功达成无疫小区协议以及获得贸易伙伴认可的关键因素 | 兽医主管部门监督制定关于基本生物安全条件的立法，使其涵盖所有水生物种和疫病<br>▶ 有文档健全且透明的无疫小区建设计划。<br>▶ 对贸易伙伴保持透明 | ▶ 信任和透明度。<br>▶ 合适的文件记录，完全可以从无疫小区层面到兽医主管部门进行审核 | ▶ 生物安全水平较高，达到无疫标准。<br>▶ 较高检测标准（实验室认证）。<br>▶ 独立（政府）审核 |
| 如何对贸易伙伴保持信息的透明度？ | ▶ 根据贸易伙伴的要求，提供与无疫小区建设计划相关的所有文件 | ▶ 与贸易伙伴共享兽医程序公告。<br>▶ 以对外协商的形式，与贸易伙伴事先分享任何潜在的变化 | ▶ 为从业务和审核角度了解无疫小区建设计划，经常实施国内（区域内）访问和审核。<br>▶ 这一点尤其重要，因为不同国家以不同的方式实施无疫小区建设，以使其适应当地风险和保证需求 |

（续）

| 国家 | 加拿大 | 南非 | 英国 |
| --- | --- | --- | --- |
| 目标商品 | 鲑科种质 | 猪和猪肉 | 家禽种质 |
| 面临的挑战 | ▶ 必须尊重加拿大法律规定的对公司具体信息的访问权，且应签订相应的协议来共享此类特定信息。<br>▶ 并非所有贸易伙伴都愿意就无疫小区建设进行谈判 | ▶ 许多贸易伙伴非常严格地保护他们国家的畜群卫生状况，以至于察觉到任何威胁，不管是真是假，都可能使谈判回到起点 | ▶ 无疫小区建设计划的实施需要集中大量资源，以便在疫情暴发时能尽可能降低疫病风险 |
| 采取的应对措施 | ▶ 已尝试根据 WOAH 关于无疫小区的标准继续进行谈判。这种谈判的成功与否取决于相关贸易伙伴是否接受无疫小区 | ▶ 根据最先进、最新的科学知识，为实施无疫小区建设过程中采取的措施提供科学依据 | ▶ 仅允许有限的部门去实施计划，以进行具有重要战略意义的贸易，从而确保粮食安全 |

## 3.3 附录 15 案例研究：新西兰为促进对家禽种质资源进口而认可英国禽流感和新城疫无疫小区建设

2014 年 6 月，新西兰（NZ）公布了一项合法协议，认可了英国（UK）禽流感和新城疫相关的家禽无疫小区建设计划。基于双方 WOAH 代表之间的信函往来，双方达成了这项合法协议。英国提供了如何实施无疫小区建设计划的全面资料，包括生物安全制度框架（每个获批的场所必须在该制度框架下运行），以及相关机构在合规监督和监管方面的角色和责任。新西兰对英国无疫小区建设计划或其中涉及的设施保留随时审核的权利，但迄今尚未行使这一权利。

这份协议的支持条款包括：

（1）立法（《1993 年生物安全法》）规定了通过良好监管实践制定基于风险和科学的进口卫生标准，具体包括参考相关国际协议，如世界贸易组织制定的《实施卫生与植物卫生措施协定》（SPS 协定）。

（2）参考 WOAH《陆生动物卫生法典》和《陆生动物诊断试验与疫苗手册》，在持续审查期间随时更新商品进口卫生标准，同时借鉴这些标准规定具体要求。这也就是说，在 WOAH 国际标准的支持下，制定了从没有危险病原体［比如高致病性禽流感（HPAI）和新城疫］的国家、地区或无疫小区进口的要求。根据风险分析和公开协商结果规定的其他要求（如抵达后隔离期）达到了利益相关方预期的保护水平。

（3）新西兰的家禽养殖业组织有序，有一个行业协会（新西兰家禽业协会），协会拥有大量成员、具备技术能力，并积极参与政府活动。人们清楚地认识到家禽业对进口种质资源的依赖，也清楚地认识到在进口过程中需要强有力的生物安全保护。新西兰政府、行业和其他利益相关方积极参与进口标准的制定，已经形成了开诚布公的文化氛围。面临着许多具有挑战性的情况，也有激烈的辩论。政府保留了决策权，但认真考虑了行业和其他利益相关方的意见。

（4）新西兰和英国在贸易和应急响应方面有着良好的兽医技术合作历史。双边协议涵盖了广泛的动物和动物产品，认可了各自兽医主管部门的能力。此外，双方与澳大利亚、加拿大、美国和爱尔兰共同签署了《国际动物卫生应急储备协定》（IAHER），多年来在应急计划、模拟演习和应急响应实践方面进行了沟通交流和合作，在技术层面上达成了共识，加强了双方对无疫小区系统、程序和能力的信任和信心，为达成此类协议奠定了必要基础。这种合作关系有助于促进沟通交流，这也是持续成功实施无疫小区建设的必要条件。

相关资源

→新西兰初级产业部网址：https：//www. mpi. govt. nz/importing/live-animals/avian-hatching-eggs/

→家禽孵化蛋进口卫生标准：https：//www. mpi. govt. nz/dmsdocument/1722-poultry-hatching-eggs-and-specific-pathogen-free-chicken-eggs-import-health-standard

→指导文件，其中引用了英国—新西兰无疫小区建设协议第4～45页第5.5节：https：//www. mpi. govt. nz/dmsdocument/1723-poultry-hatching-eggs-and-specific-pathogen-free-chicken-eggs-import-health-standard-guidance-document

原书参考文献

# 致　　谢

WOAH 在此感谢香港城市大学的 Dirk U. Pfeiffer 博士、Jeremy H. P. Ho 博士、Andrew Bremang 博士和 Younjung Kim 博士，感谢他们编制了这份文件。

WOAH 还要感谢专家组，感谢他们接受定期咨询，为本文件的框架和方向及其技术内容的审查作出了贡献。具体来说，感谢小组成员 Nigel Gibbens 博士、James A Roth 博士、Mohit Baxi 博士、Francisco Reviriego 博士、Mpho Maja 博士、Gordon Spronk 博士、Yan Zhichun 博士、Jacques Serviere 博士、Anne Meyer 博士、Masatsugu Okita 博士和 Silvia Bellini 博士。

本文件得到了 Gregorio Torres 博士（WOAH 总部，科学部）、Jee Yong Park 博士（WOAH 总部，科学部）和 Charmaine Chng 博士（WOAH 总部，标准部）的鼎力相助。

本文件的编制也离不开加拿大食品检验局的慷慨支持。

# 免 责 声 明

本文件由 WOAH 外聘顾问在专家组的支持下编写。本文件所表达意见是顾问和专家组成员的意见，并不一定反映 WOAH 及其成员或资源伙伴的意见或政策。本文件可用于非商业目的，但应适当引用，且不得暗示 WOAH 认可任何特定组织、产品或服务。

**图书在版编目（CIP）数据**

非洲猪瘟无疫小区（生物安全隔离区）建设指南 /（德）德克 · U. 法伊弗等著；农业农村部畜牧兽医局，中国动物卫生与流行病学中心组译. —北京：中国农业出版社，2023.5

书名原文：Compartmentalisation Guidelines：African Swine Fever

ISBN 978-7-109-30748-3

Ⅰ. ①非… Ⅱ. ①德… ②农… ③中… Ⅲ. ①非洲猪瘟病毒—疫区检疫—隔离（防疫）—指南 Ⅳ. ①S852.65-62

中国国家版本馆 CIP 数据核字（2023）第 095230 号



合同登记号：图字 01-2022-6278 号
原书平面设计：Animal Pensant

**FEIZHOU ZHUWEN WUYI XIAOQU (SHENGWU ANQUAN GELIQU) JIANSHE ZHINAN**

---

中国农业出版社出版
地址：北京市朝阳区麦子店街 18 号楼
邮编：100125
责任编辑：肖 邦
版式设计：王 晨 责任校对：周丽芳
印刷：北京中兴印刷有限公司
版次：2023 年 5 月第 1 版
印次：2023 年 5 月北京第 1 次印刷
发行：新华书店北京发行所
开本：700mm×1000mm 1/16
印张：9
字数：172 千字
定价：50.00 元

---